高等职业教育机电类专业"十三五"规划教材

CAD/CAM 软件应用技术

——Creo

主　编　　赵春辉　徐笑笑

副主编　　高　巍　郭　茜　蔡建新

主　审　　蒋修定

U0394515

西安电子科技大学出版社

内 容 简 介

本书采用项目结构编写模式,通过多个精选的设计任务实例讲解了 CAD/CAM 技术在机械设计与制造领域的应用,包括草图绘制、零件设计、组件装配、仿真动画、工程图、模具型腔设计、自动编程加工等内容,读者可以由浅入深,逐步学会 Creo 4.0 这一典型 CAD/CAM 软件的操作。此外,为匹配各校 CAD/CAM 专用周需求,本书选取了数套综合训练案例供课后练习。

本书可以作为高等职业院校工科类相关专业的教材,也可作为机械设计与制造工程技术人员的自学辅导书。

本书各任务均提供了清晰的配套图片和相关视频,扫描书中的二维码即可获得。

图书在版编目(CIP)数据

CAD/CAM 软件应用技术:Creo / 赵春辉,徐笑笑主编. —西安:西安电子科技大学出版社,2018.1
ISBN 978-7-5606-4792-0

Ⅰ. ① C… Ⅱ. ① 赵… ② 徐… Ⅲ. ① 计算机辅助设计—应用软件 Ⅳ. ① TP391.7

中国版本图书馆 CIP 数据核字(2017)第 300010 号

策　　划　李惠萍　秦志峰
责任编辑　闵远光　雷鸿俊
出版发行　西安电子科技大学出版社(西安市太白南路 2 号)
电　　话　(029)88242885　88201467　　　邮　　编　710071
网　　址　www.xduph.com　　　　　　　电子邮箱　xdupfxb001@163.com
经　　销　新华书店
印刷单位　陕西利达印务有限责任公司
版　　次　2018 年 1 月第 1 版　　2018 年 1 月第 1 次印刷
开　　本　787 毫米×1092 毫米　1/16　印　张　14
字　　数　332 千字
印　　数　1～3000 册
定　　价　34.00 元

ISBN　978-7-5606-4792-0/TP

XDUP　5094001-1

如有印装问题可调换

前　言

计算机辅助设计与制造技术是制造业与信息化技术高度融合的代表性技术，随着市场需求的不断增长，近年涌现了一大批优秀且高效率的 CAD/CAM 软件，并在各个行业得到了广泛的应用。

由美国 PTC 公司推出的 Pro/Engineer 凭借其先进的参数化设计、基于特征设计的实体造型、便于特征设计的实体造型、方便移植设计思想的特点、友好的用户界面和符合工程技术人员要求的设计思想，成为计算机辅助设计与制造领域最受欢迎的软件。目前该软件的最新版本代号为 Creo 4.0。该软件系统可以按照产品设计制造的一般顺序来模拟设计制造的整个过程，只需要一个产品的三维模型，就可以进行与产品造型参数相关的设计、加工和分析。

本书精选了多个来源于实际生产且经过教学改造的项目来介绍计算机辅助设计与制造的一般方法，内容翔实，重点突出，体现了"做中学"的教学思想。全书按照产品设计从草图、零件、装配到仿真分析、工程图、自动编程加工的顺序编排与划分单元和章节，系统地帮助读者提高 CAD/CAM 软件技术应用水平，理解参数化技术的精髓。

全书共分为五个项目，具体安排内容如下：

项目 1　二维图形草绘

本项目介绍了 CAD/CAM 技术的概念、发展历史和常见的 CAD/CAM 软件的种类及特点，通过讲解典型软件 Creo 的操作界面、文件和鼠标的操作、草绘工具的使用和建模理念等，使读者接触到 Creo 软件的基本设计思路。这些知识将在其他项目的学习中渗透应用。

项目 2　典型零件建模

本项目详细讲述了 Creo 4.0 的零件设计方法与技巧，涵盖了板盖类、轴类、管接头、叉架类等典型零件实体和曲面零件，训练读者分析、规划和设计零件的能力。

项目 3　组件装配与工程图绘制

本项目列举了多个装配与机构运动仿真实例，介绍了利用 Creo 系统进行装配、仿真及生成动画的技巧；同时，介绍了在软件的工程图环境中生成零件工程图、组件爆炸图和动画的方法。

项目 4　计算机辅助制造

本项目主要介绍了利用 Creo 的制造环境完成典型零件的模具型腔设计和各类自动编程加工的方法。

项目 5　CAD/CAM 综合训练

本项目精选了数套训练试题，以便于读者进行专门性训练学习，也可供职业院校专用周(三周左右)实训使用。

　　本书由赵春辉和徐笑笑担任主编，高巍、郭茜、蔡建新担任副主编，蒋修定担任主审，杜汶励、王建、邵晓娜、高鹏、邹芳也参与了本书的编写。由于编者水平有限，书中不足之处在所难免，希望广大读者批评指正。

编　者

2017 年 9 月

目　　录

项目 1　二维图形草绘

本项目主要介绍 CAD/CAM 技术的定义、发展概况、发展趋势和常见 CAD/CAM 软件的种类及特点，使读者对 CAD/CAM 技术有初步的认识，为以后应用 CAD/CAM 技术、选择更加适合自己的软件打下基础。

任务 1　认识 CAD/CAM 技术

一、任务描述

本任务介绍了 CAD/CAM 技术的定义与发展趋势，同时深入分析了常见中、高端 CAD/CAM 系统的特点和优势，引导读者了解该技术的特点和应用领域，学会根据实际需要选择合适的 CAD/CAM 系统。

二、知识链接

CAD 的全名是 Computer Aided Design，即计算机辅助设计；CAM 的全名是 Computer Aided Manufacturing，即计算机辅助制造。CAD/CAM 是以信息技术为主要技术手段来进行产品设计和制造活动的技术，也是世界上发展最快的技术之一。其中 CAD 技术着重于设计，它将计算机的快速数据处理技术以及巨大的存储能力与人类特有的逻辑判断能力、综合分析能力相结合，从而加快产品的开发速度，缩短产品的设计和制造周期。该技术的应用在提高产品设计质量的同时也增强了企业的市场竞争力。CAM 着重于产品的制造，其功能主要是选择加工工具，得到加工时的加工路径以及干涉的检查和仿真加工。CAM 适用于小批量、高精度以及对加工一致性要求较高的产品的加工。

三、任务实施

1. 认识 CAD/CAM 技术

CAD 技术的内涵会随着计算机和相关行业的发展而不断延伸。以下是各个历史时期关于 CAD 技术的一些描述和定义："CAD 是一种技术，其中人与计算机结合为一个问题求解组，紧密配合，发挥各自所长，从而使其工作优于每一方，并为应用多学科方法的综合性协作提供了可能"(1972 年 10 月国际信息处理联合会(IFIP)在荷兰召开的"关于 CAD 原理的工作会议")；"CAD 是一个系统的概念，包括计算、图形、信息自动交换、分析和文件处理等方面的内容"(20 世纪 80 年代，第二届国际 CAD 会议)；"CAD 不仅是一种设计手段，更是一种新的设计方法和思维"(1984 年国际设计及综合讨论会)。

目前较普遍的观点认为：CAD 是指工程技术人员以计算机为工具，运用自身的知识和经验，对产品或工程进行方案构思、总体设计、工程分析、图形编辑和技术文档整理等设计活动的总称，是一门多学科综合应用的新技术。

随着信息技术、网络技术的不断发展和市场全球化进程的加快，出现了以信息集成为基础的更大范围的集成技术，譬如将企业内经营管理信息、工程设计信息、加工制造信息、产品质量信息等融为一体的计算机集成制造系统(Computer Integrated Manufacturing System，CIMS)。而 CAD/CAM 集成技术是计算机集成制造系统、并行工程、敏捷制造等先进制造系统中的一项核心技术。

CAD/CAM 在国外的应用较早，主要用于产品的设计开发和工程设计。在美国从事 CAD/CAM 系统开发和销售的公司有几千家，销售额也在以每年 20%～30%的速度增长。20 世纪 50 年代末第一台数控铣床的应用标志着 CAD 技术应用的开始；20 世纪 60 年代，自动编程语言 APT 的诞生使得 CAD 和 CAM 产生了最初的集成，MIT 人机对话图形通信系统论文的发表，标志着交互式 CAD 的开端；20 世纪 70 年代，CAD/CAM 进入早期实用阶段，其主要用于机械、建筑以及船舶和电子等大中型企业中，比较著名的系统有英国的 Romuous 系统；80 年代起计算机技术有了大幅度的提高，CAD/CAM 技术向着实体造型和特征建模方向发展，随着工程数据库的发展，商品化的软件也在这时应运而生；到 90 年代，该技术已经向着更加智能化、标准化和集成化的方向发展，并且在各个相关行业中得到了广泛的应用。

20 世纪 60 年代我国才开始从国外引进该技术，直到 70 年代才开始应用，但是由于我国计算机水平的限制，该技术仅仅被用来作产品设计时的分析计算。90 年代我国开始自主开发 CAD/CAM 软件，并且得到了快速发展。据统计，我国 1992 年申报参加 CAD 软件测评的企业超过 350 家，经过不断地发展和市场竞争，CAD 软件的功能日臻完善。到了 1999 年国内软件与国外软件已经可以共同分割市场；进入 21 世纪，随着国家政策的改变，我国制造业开始具备在现有软件的基础上根据自身企业的特点，开发适合自身使用的计算机辅助设计/制造/管理系统的能力，从而使国内 CAD 产品也向着产业化、系统化和集成化的方向发展。

2. 了解常见 CAD/CAM 系统

根据 CAD/CAM 系统的功能及复杂程度，可以对其所处的档次做一个大致的划分，目前业界公认的高端 CAD/CAM 软件包括 Pro/Engineer(简称 Pro/E)、NX、CATIA 等，中端 CAD/CAM 软件则有 Solidworks、Solidedge、Inventor、Mastercam 等。

1) Pro/Engineer

Pro/Engineer 操作软件是美国参数技术公司(PTC)旗下的 CAD/CAM/CAE 一体化的三维软件，其界面如图 1-1-1 所示。Pro/Engineer 软件以参数化著称，是参数化技术的最早应用者，在目前的三维造型软件领域中占有重要地位。Pro/Engineer 作为当今世界机械 CAD/CAE/CAM 领域的新标准而得到了业界的认可和推广，是现今主流的 CAD/CAM/CAE 软件之一，特别是在国内产品设计领域占据着重要位置。

Pro/E 第一个提出了参数化设计的概念，并且采用了单一数据库来解决特征的相关性问题。另外，它采用模块化方式，用户可以根据自身的需要进行选择，而不必安装所有模块。Pro/E 基于特征方式，能够将设计至生产的全过程集成到一起，实现并行工程设计。它不但可以应用于工作站，而且也可以应用到单机上。Pro/E 可以分别进行草图绘制、零件制作、装配设计、钣金设计、加工处理等，保证用户可以按照自己的需要进行选择使用。

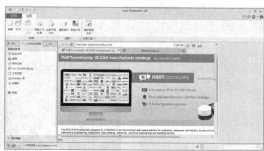

图 1-1-1 Pro/Engineer 界面

本书主要介绍 Pro/E 软件的最新版本 Creo Parametric 4.0 的使用方法。

2) NX

NX 软件(其界面如图 1-1-2 所示)是 Siemens PLM Software 公司推出的一个产品工程解决方案，它为用户的产品设计及加工过程提供了数字化造型和验证手段，为培养用户的创造性和革新产品技术的工业设计与风格提供了强有力的解决方案。利用 NX 建模，工业设计师能够迅速地建立和改进复杂的产品形状，并且使用先进的渲染和可视化工具最大限度地满足设计概念的审美要求。NX 软件汇集了美国航空航天及汽车制造领域的专业经验，现已成为世界一流的集成化机械 CAD/CAM/CAE 软件，并被众多公司选作计算机辅助设计、制造和分析的标准。

图 1-1-2 NX 软件界面

3) CATIA

CATIA 是法国达索(Dassault Systemes)公司开发的 CAD/CAE/CAM 一体化软件，其名称是英文 Computer Aided Tri-Dimensional Interface Application(计算机辅助三维应用程序接

口)的缩写，它的操作界面如图 1-1-3 所示。CATIA 的功能涵盖产品从概念设计、工业设计、三维建模、分析计算、动态模拟与仿真、工程图的生成到生产加工成产品的全过程，其中还包括了大量的电缆和管道布线、各种模具设计和分析、人机交互等实用模块。CATIA 不但能够保证企业内部设计部门之间的协同设计功能，而且还可以提供给企业集成的整体设计流程和端对端的解决方案。CATIA 广泛应用于汽车、航空航天、轮船、军工、仪器仪表、建筑工程、电气管道、通信等领域。

图 1-1-3　CATIA 界面

4) Mastercam

Mastercam 是美国 CNC Software 公司开发的 CAD/CAM 软件，其界面如图 1-1-4 所示。Mastercam 集二维绘图、三维实体造型、曲面设计、体素拼合、数控编程、刀具路径模拟及真实感模拟等功能于一身，具有方便直观的几何造型手段，并提供了设计零件外形所需的理想环境，其强大稳定的造型功能可设计出复杂的曲线、曲面零件。Mastercam 软件已广泛应用于机械工业、航空航天工业、汽车工业等领域，尤其在各种各样的模具制造中发挥了重要的作用。

图 1-1-4　Mastercam 界面

四、任务拓展

计算机技术的发展为 CAD/CAM 技术的发展提供了有利的条件，使其向着集成化、智能化和标准化的方向发展，具体表现为以下几个发展趋势。

1. 集成化

集成化是指为企业提供一体化的解决方案，最大限度地实现企业信息的共享。未来的

CAD/CAM 技术将集 CAD、CAE、CAPP、CAM、PDM 等为一体，以 CAD/CAM 系统为平台，综合运用各种先进的设计制造技术，集百家所长，实现高柔性、高效率、高回报的"三高"目的。

2．智能化

智能化一直是人们追求的目标，即让机器把人类从繁重的体力和脑力劳动中解放出来。具体来讲，就是在操作人员输入一些必要的数据、命令、要求后，高度智能化的计算机系统根据这些数据、命令和要求来综合、分析、推理出合乎逻辑的结论，自动进行三维仿真，在用户的允许下实现联网生产，在操作人员输入明显不合逻辑或不合规律的数据后，能自动识别并在操作人员的允许下自动提示或改正，在满足设计要求的前提下自动生成样板模块。

3．标准化

目前市场上 CAD 软件多种多样，其软件间的兼容性和一致性是该技术发展首先要解决的问题，只有依靠标准化技术才能完全解决不同系统间相互兼容的问题。目前，CAD 技术的标准化已经基本完成，且建立了面向应用的标准零件库，并且正向着理化工程设计的方向发展。

4．模块化

未来的用 CAD/CAM 技术生产的产品的源代码将会像当今的电脑软件一样被做成一个个特定的模块。当需要哪个模块进行生产时，直接调用该模块即可。当然，设计者也可以对已有的模块进行修改后再使用。模块化的应用将会大大缩短 CAD/CAM 设计和产品生产的时间，提高人们的工作效率。

5．快速成型制造技术

快速成型制造(Rapid Prototyping & Manufacturing，RPM)技术基于层制造原理，迅速制造出产品原型，而与零件的几何复杂程度丝毫无关，尤其在具有复杂曲面形状的产品制造中更能显示其优越性。它不仅能够迅速制造出原型供设计评估、装配校验、功能试验，而且可以通过形状复制快速经济地制造出产品(如制造电极用于 EDM 加工、模芯消失铸造出模具等)，从而避免了传统模具制造中费时、高成本的 NC 加工，因而 RPM 技术在现代制造技术中日益发挥着重要的作用。

五、思考练习

简述 CAD/CAM 技术的发展现状和趋势。

任务 2 　草绘手柄曲线

一、任务描述

在工程类三维 CAD/CAM 软件中，特征的定义与修改依赖于平面草绘，平面草绘是整个软件的基石。要想熟练掌握包括 Pro/E 在内的三维 CAD/CAM 软件，精确而快速的平面绘图能力必不可缺。

　　Pro/E 草绘的基本思路是：画出大致轮廓后再添加尺寸和几何约束使之最终精确化，Pro/E 草绘并不要求在绘图初期使用实际尺寸，而只需大体比例协调，这一点与 AutoCAD、CAXA 电子图板等软件需要画一笔确定一笔的操作要求有明显的不同。

二、知识链接

1．界面介绍

　　正确安装 Creo 软件后，通过双击图标 ▦ 就能打开软件，其主界面如图 1-2-1 所示。主界面的主要组成部分包括常用文件操作栏、菜单栏、工具栏、标题栏、工作区、导航区、过滤器和浏览区等。

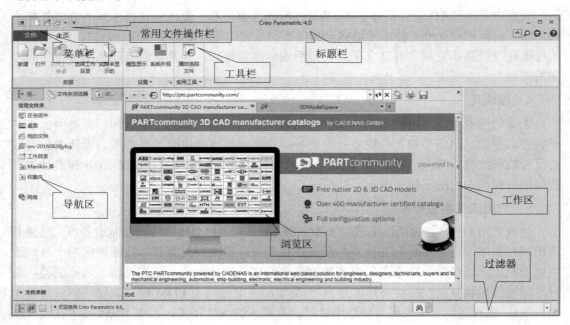

图 1-2-1　Pro/E 主界面

2．基本操作

1）常用文件操作栏

　　软件界面中的常用文件操作栏能实现文件的新建、打开、保存、撤销、重生成等功能，如图 1-2-2 所示。

图 1-2-2　常用文件操作工具栏

(1) ▯：新建包括"草绘"、"零件"、"组件"、"工程图"等在内的各类对象。

(2) ▯：打开 Creo 4.0 软件支持的各类文件。

(3) ▯：将当前打开的图形存盘到计算机上指定的位置。

(4) ↰：撤销上一步操作。

(5) ↱：重做上一步已撤销的操作。

(6) ▯：修改过参数后重新生成设计对象。

(7) ▯：当存在多个打开窗口时激活选中的窗口。

(8) ▯：关闭当前窗口，文件仍驻留在内存中。

2) 工作区

工作区由分割条分为三个部分，分别是工作区、导航区和浏览区，可自由伸展收缩与隐藏显示。

(1) 工作区：是使用者与软件系统的主要交互区域，可以用多种方式显示、查看、操纵设计对象，有效控制设计结果。

(2) 导航区：位于工作区左侧，包含模型树、文件夹浏览器和收藏夹在内的三个不同的选项卡，如图 1-2-3 所示。

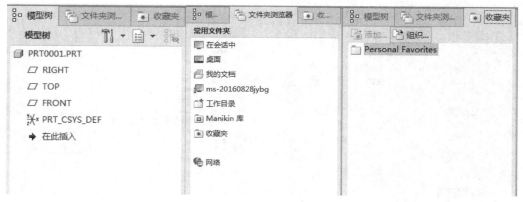

【模型树】选项卡　　　　　【文件夹浏览器】选项卡　　　　　【收藏夹】选项卡

图 1-2-3　导航区的三个选项卡

(3) 浏览区：主要用于浏览文件、预览模型和使用 PTC 资源中心。

3) 功能区

功能区包括工具栏和【特征】控制面板两大分区。

(1) 工具栏位于菜单栏下方，如图 1-2-4 所示。

图 1-2-4　工具栏

工具栏包含文件、模型、分析、注释、工具、视图、柔性建模、应用程序八个模块，根据进入的环境不同，模块及下属的命令有所变化。其中模型菜单用于三维模型特征的创建与编辑，是初期学习零件三维设计时使用最多的菜单模块。

(2)【特征】控制面板。在软件操作过程中，点击某一特征按钮后会出现相应的【特征】控制面板，按面板提示设定需要的要素即可完成一个特征。图 1-2-5 所示为【拉伸特征】控制面板，位于窗口的上方。

图 1-2-5 　【拉伸特征】控制面板

三、任务实施

1. 文件的基本操作

(1) 新建。单击菜单【文件】→【新建】命令或者单击 按钮，系统弹出"新建"对话框，如图 1-2-6(a)所示。

(a)   (b)

图 1-2-6 　"新建"对话框

该对话框用于定义新建文件的类型、子类型和文件名称等。在图 1-2-6(a)中的"名称"文本框可以直接输入新文件名，选中"使用默认模板"复选框表示创建新文件采用系统默认的单位、视图、基准等设置，若不选，系统将弹出"新文件选项"对话框，如图 1-2-6(b)所示，可自行定义。

(2) 打开。单击【文件】菜单的【打开】命令或者单击 按钮，系统弹出如图 1-2-7 所示的"文件打开"对话框。

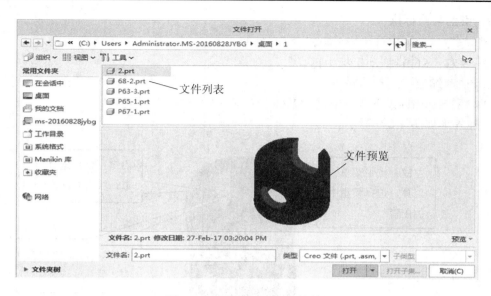

图 1-2-7 "文件打开"对话框

(3) 保存。单击【文件】菜单中的【保存】命令或者单击 按钮，系统弹出如图 1-2-8 所示的"保存对象"对话框。

图 1-2-8 "保存对象"对话框

2．键盘与鼠标操作

(1) 旋转：按下鼠标中键并移动鼠标。

(2) 平移：Shift+拖动鼠标中键。

(3) 快速缩放：滚动滚轮。

(4) 翻转：Ctrl+按下鼠标中键，鼠标左右移动。

鼠标外形如图 1-2-9 所示。

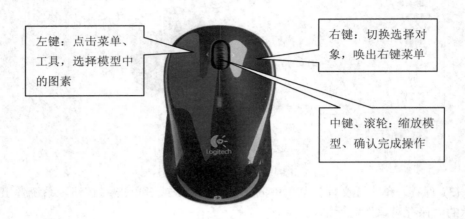

左键：点击菜单、工具，选择模型中的图素

右键：切换选择对象，唤出右键菜单

中键、滚轮：缩放模型、确认完成操作

图 1-2-9　鼠标外形

3．创建与编辑图元

新建时选择草绘环境或者在其他环境中命令有所要求的时候，均可以进入草绘环境中，利用该环境下的图元绘制工具、图元编辑工具和标注约束工具可以完成图形的创建。

图元的创建修改可以通过如图 1-2-10 所示的草绘工具栏实现，这个工具栏包含了点、线、矩形、圆、曲线等多种绘图命令，也包含了引用、镜像、复制、移动、修剪等编辑命令以及标注、修改、约束等多种实用工具。

图 1-2-10　草绘工具栏

4．标注与修改尺寸

Pro/E 是全尺寸约束与驱动的工程软件，可以通过激活 Pro/E 的目的管理器动态标注和约束几何图元以提高工作效率，这时系统会自动对图元进行尺寸标注和几何条件约束，这类尺寸叫做弱尺寸，这类尺寸只能隐藏，不能删除，而且不一定完整，不能完全满足设计者的需要。设计者可以通过标注图标 ⊢⊣ 手动添加需要的尺寸，这类尺寸称为强尺寸，强尺寸删除后退化为弱尺寸。标注尺寸时要注意尺寸不能过定义，根据已有强尺寸能推算出的尺寸不需要再进行标注，图 1-2-11 所示即为出现尺寸过定义的情况。双击数字可以修改尺寸大小，同时也可以通过右键菜单对尺寸进行锁定、解锁、加强等操作。

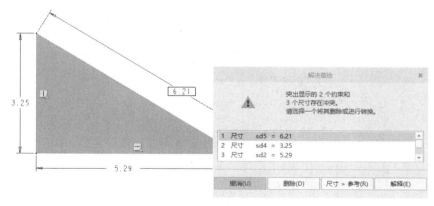

图 1-2-11　尺寸过定义

5．添加几何约束

在 Pro/E 中，草绘中的图元互相间存在的几何关系称为几何约束，点击工具栏中的【约束】按钮即可快速地在各个图元之间添加合适的几何关系，如表 1-2-1 所示。但同样应注意与尺寸的配合，避免发生过定义的情况。几何约束在添加完毕后也可以通过点击约束符号后用 Delete 键删除。

表 1-2-1　几何约束的功能及含义

按　钮	功　能	按　钮	功　能	按　钮	功　能
十 竖直	约束竖直放置	♀ 相切	约束相切关系	⼗⼗ 对称	约束对称关系
十 水平	约束水平放置	↘ 中点	约束中点关系	＝ 相等	约束相等关系
⊥ 垂直	约束垂直放置	—○ 重合	约束重合关系	∥ 平行	约束平行关系

6．操作训练

以下通过一个平面草绘的创建过程来详细介绍各个草绘工具的使用方法。草绘图如图 1-2-12 所示。

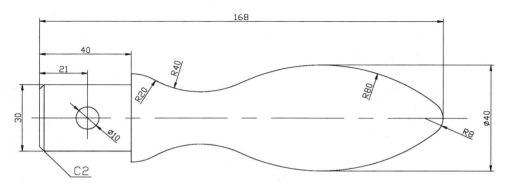

图 1-2-12　草绘手柄曲线

具体操作步骤如下

(1) 单击【文件】→【新建】命令，选择"草绘"环境，输入名称为 shoubing，单击【确定】按钮，如图 1-2-13 所示。

图 1-2-13   "新建"对话框

(2) 单击【中心线】命令 ┆ 中心线 ▾ ，绘制一条水平的中心线作为绘图基准，如图 1-2-14 所示。

图 1-2-14   绘制中心线

(3) 单击【圆】命令 ◎ 圆，在中心线上绘制两个圆，并且双击两个圆的尺寸以更改成正确尺寸，如图 1-2-15 所示。

图 1-2-15   绘制圆

(4) 单击【圆】命令 ◎ 圆，在适当位置上绘制圆 ф160。点击 ◔ 相切 按钮，选择 ф160 的圆和 ф16 的圆，使这两个圆相切。同理，选择 ф40 的圆和 ф160 的圆，使这两个圆相切，如图 1-2-16 所示。

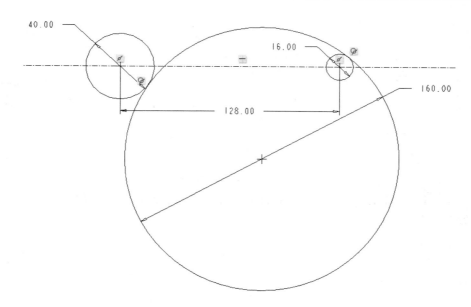

图 1-2-16 绘制相切圆 Φ160

（5）单击【圆】命令 ⊙圆，在适当位置上绘制圆 Φ80。点击 ⅋相切 按钮，选择 Φ80 的圆和 Φ160 的圆，使这两个圆相切。同理，选择 Φ80 的圆和 Φ40 的圆，使这两个圆相切，如图 1-2-17 所示。

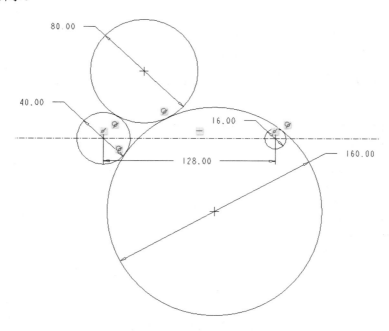

图 1-2-17 绘制相切圆 Φ80

（6）单击【线】命令 ⌒线，按照图形要求画三条直线，并双击尺寸以更改成正确尺寸，如图 1-2-18 所示。

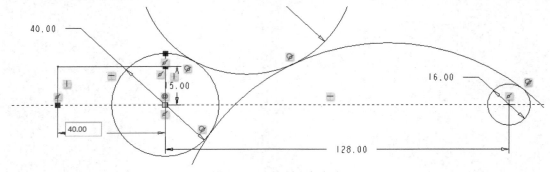

图 1-2-18　绘制三条直线

(7) 单击【倒角】命令 ⟋ 倒角，选择需要倒角的两条直线，双击倒角尺寸，更改成正确尺寸，如图 1-2-19 所示。

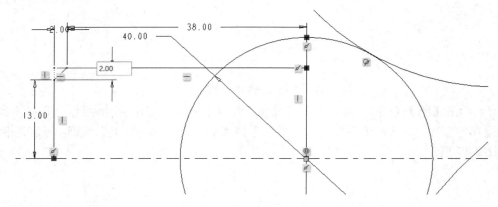

图 1-2-19　倒角

(8) 单击【线】命令 ⌄ 线，按照图形要求画倒角直线，如图 1-2-20 所示。

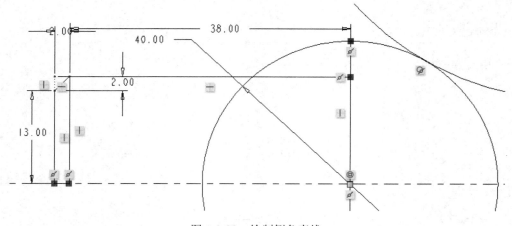

图 1-2-20　绘制倒角直线

(9) 单击【删除段】命令 ⨎ 删除段，根据所要求的图形，用鼠标左键选择多余的线完成删除命令。删除后的图形如图 1-2-21 所示。

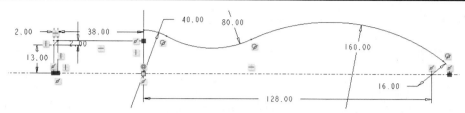

图 1-2-21   删除多余的线段

(10) 鼠标左键框选整个图形，单击【镜像】命令 ⚹ 镜像，用鼠标左键选择中心线作为对称轴，将图形镜像，所得图形如图 1-2-22 所示。

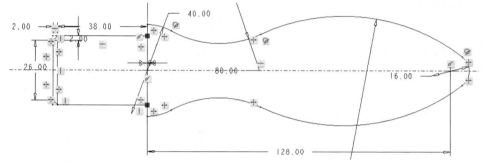

图 1-2-22   镜像图形

(11) 单击【圆】命令 ⊙ 圆，在中心线上绘制圆 φ10，并且双击尺寸以更改为正确的直径和位置，如图 1-2-23 所示。完成要求的图形，如图 1-2-24 所示。

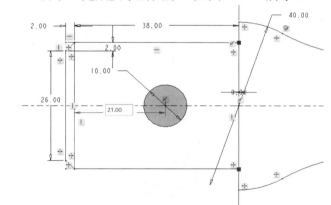

图 1-2-23   绘制圆 φ10

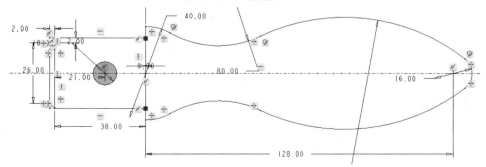

图 1-2-24   绘制出的完整把柄草绘图

(12) 单击【文件】→【保存】，保存图形文件。

四、任务拓展

在草绘图中，草图尺寸有弱尺寸和强尺寸两种。当草绘出一个图元时，系统会自动标注几何，这些尺寸称为弱尺寸，系统再创建并删除时并不予以警告。当用户添加自己的尺寸来创建所需要的标注形式时，这种尺寸称为强尺寸，添加强尺寸时系统会自动删除不必要的弱尺寸和约束。单击绘图工具栏中的【尺寸】按钮|↔|即可以对尺寸进行不同的标注。

1. 线性标注

1) 线段长度

单击【尺寸】按钮|↔|，单击需要标注的线段或者分别单击线段的两个端点，然后将光标移动至合适的位置并单击鼠标中键就可以标注线段的长度，如图 1-2-25 所示。

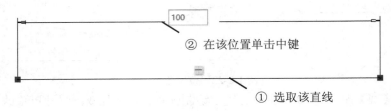

图 1-2-25　线段长度的标注

2) 点到线的距离

单击【尺寸】按钮|↔|，依次单击点与直线，然后将光标移动至合适的位置并单击鼠标中键就可以标注点到线的距离，如图 1-2-26 所示。

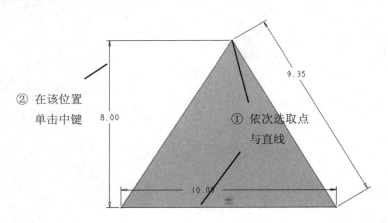

图 1-2-26　点到线的距离标注

3) 线到线的距离

单击【尺寸】按钮|↔|，依次单击直线与直线，然后将光标移动至合适的位置并单击鼠标中键就可以标注线到线的距离。

2. 圆和圆弧尺寸标注

1) 半径

单击【尺寸】按钮 |↔|，单击需要标注的圆，将光标移动至合适的位置并单击鼠标中键就可以标注半径，如图 1-2-27 所示。

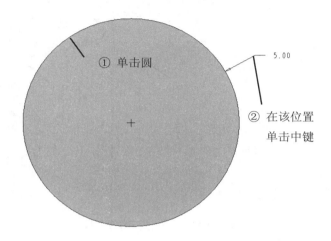

图 1-2-27 半径的标注

2) 直径

单击【尺寸】按钮 |↔|，分别单击需要标注圆的两端，将光标移动至合适的位置并单击鼠标中键就可以标注半径，如图 1-2-28 所示。

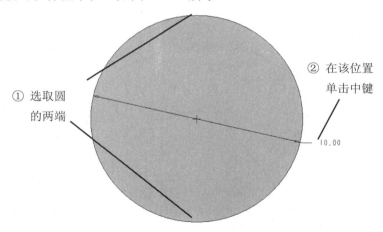

图 1-2-28 直径的标注

3) 旋转剖面的直径

单击【尺寸】按钮 |↔|，首先单击旋转剖面的圆柱边线，接着单击中心线，再单击旋转面的圆柱边线，最后单击鼠标中键指定尺寸参数的放置位置，即可标注旋转剖面的直径，如图 1-2-29 所示。

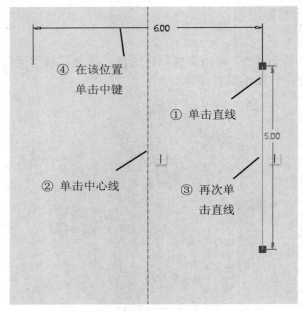

图 1-2-29 旋转剖面的直径标注

3. 角度标注

1) 两直线夹角

单击【尺寸】按钮 ↔，依次选取夹角的两条直线，然后单击鼠标中键指定尺寸参数的放置位置，即可标注夹角，如图 1-2-30 所示。

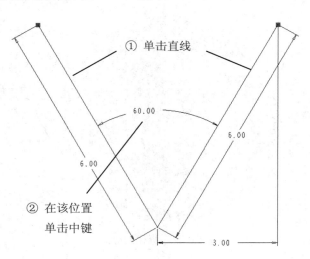

图 1-2-30 两直线夹角的标注

2) 圆弧夹角

单击【尺寸】按钮 ↔，选取圆弧的一个端点，再选取圆弧的圆心，然后选取圆弧的另一个端点，在三点的中间空白处单击鼠标中键指定尺寸参数的放置位置，即可标注圆弧夹角，如图 1-2-31 所示。

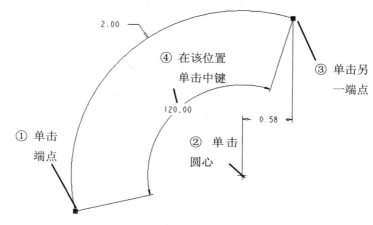

图 1-2-31 圆弧夹角的标注

若指定的尺寸或约束过多，就会收到警告提示，系统会弹出"解决草绘"对话框，如图 1-2-32 所示，可以根据自己的需要删除多余的尺寸参数或约束。

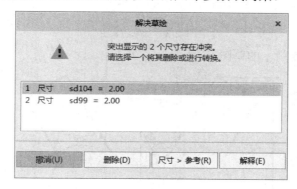

图 1-2-32 "解决草绘"对话框

五、思考练习

(1) 绘制图 1-2-33 所示的草图。

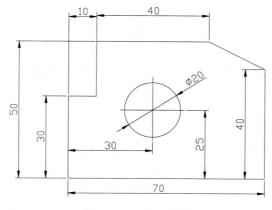

图 1-2-33 练习草图

(2) 绘制图 1-2-34 所示的草图。

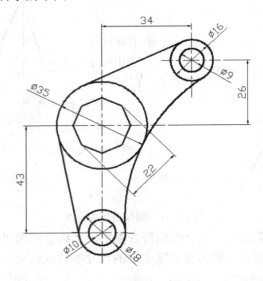

图 1-2-34　练习草图

(3) 绘制图 1-2-35 所示的草图。

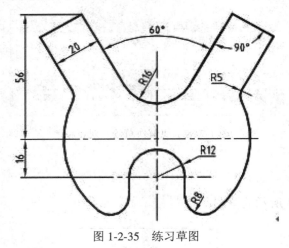

图 1-2-35　练习草图

任务 3　草绘挂钩曲线

一、任务描述

　　任务 2 列举了 Pro/E 软件简单绘制草图的基本方法，绘图时可以参照例子了解并掌握绘制草图的方法。大多数情况下草图绘制会更加复杂，下面的实例将综合使用各种绘图工具绘制草图。本任务所创建的图形如图 1-3-1 所示。

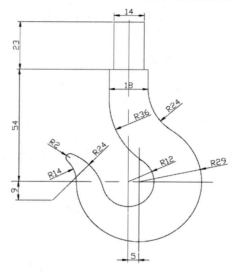

图 1-3-1　挂钩曲线草绘图

二、知识链接

　　挂钩的结构元素比较简单，主要是圆和圆弧。要绘制挂钩的草图，首先应绘制中心线，其次使用圆工具绘制下端圆，并在上端绘制出矩形，随后用圆弧连接起来，然后绘制左侧的钩子部分的圆弧，最后修剪并删除多余的线条。

　　本任务中绘制图形时使用了与前面不同的方法，绘制图形元素的同时对图形之间的约束和尺寸进行了指定。这样的方法对于条件比较多的情况比较适用。

三、任务实施

　　(1) 单击【文件】→【新建】命令，选择"草绘"环境，输入名称为 guagou，单击【确定】按钮，如图 1-3-2 所示。

图 1-3-2　"新建"对话框

（2）单击【中心线】命令 ⋮ 中心线 ▼，绘制三条中心线并修改中心线之间的距离，作为绘制圆的基准，如图 1-3-3 所示。

（3）单击【圆】按钮 ⊙ 圆，在中心线上绘制两个圆，并且双击两个圆的尺寸以更改成正确尺寸，如图 1-3-4 所示。

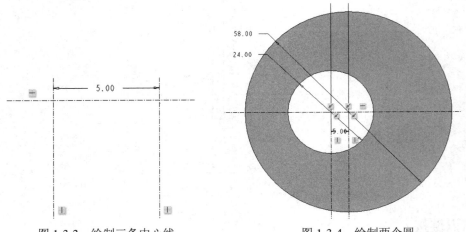

图 1-3-3　绘制三条中心线　　　　　　　图 1-3-4　绘制两个圆

（4）单击【线】按钮 ⌇ 线 ▼，在上端画出挂钩的把柄，单击【尺寸】按钮 ↦，然后点击线段的尺寸以修改成正确尺寸，同理根据图纸要求修改线段之间的大小尺寸和位置尺寸，如图 1-3-5 所示。

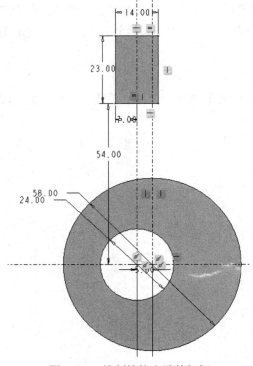

图 1-3-5　绘制挂钩上端的把柄

(5) 单击【线】按钮 ╲ 线 ▾，绘制两条垂直直线，将上端矩形和下端圆形连接起来，如图 1-3-6 所示。

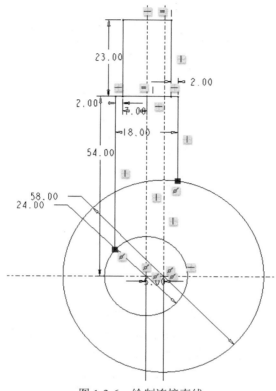

图 1-3-6　绘制连接直线

(6) 单击【圆弧】按钮 ⌒ 弧，绘制直线和圆之间的连接弧，单击【相切】按钮 ⫝̸ 相切，选择需要相切的圆弧和直线，完成相切命令，同理，完成两个连接弧两端的相切。双击圆弧的尺寸并修改成正确尺寸，如图 1-3-7 所示。

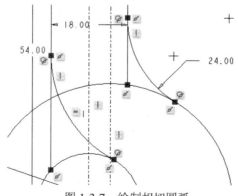

图 1-3-7　绘制相切圆弧

(7) 单击【圆】按钮 ⊙ 圆，在水平中心线上绘制圆，双击直径尺寸以修改成正确尺寸，单击【相切】按钮 ⫝̸ 相切，选择需要相切的两个圆，完成相切命令，如图 1-3-8 所示。

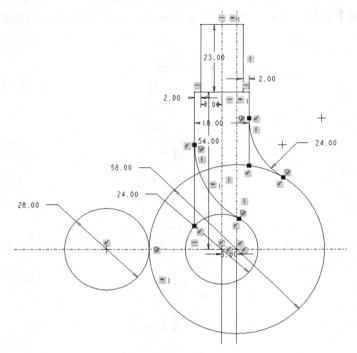

图 1-3-8   绘制相切圆

(8) 单击【圆】按钮 ⊙ 圆，在水平中心线下方绘制圆，双击直径尺寸以修改成正确尺寸，双击圆心到水平中心线之间的距离尺寸以修改成正确尺寸。单击【相切】按钮 ✐ 相切，选择需要相切的两个圆，完成相切命令，如图 1-3-9 所示。

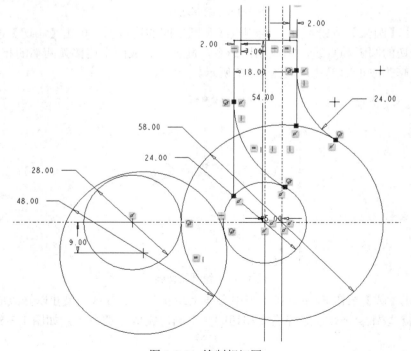

图 1-3-9   绘制相切圆

(9) 单击【圆】按钮 ⊙ 圆，在适当位置绘制钩子圆角的圆，双击直径尺寸以修改成正确尺寸。单击【相切】按钮 ⌒ 相切，分别选择该圆与另外两个圆相切，如图 1-3-10 所示。

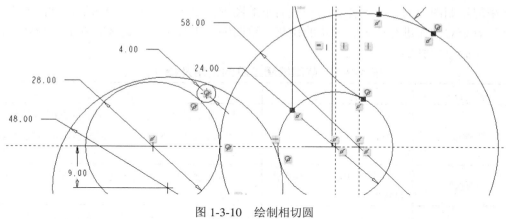

图 1-3-10 绘制相切圆

(10) 单击【删除段】按钮 ⌒ 删除段，将图中多余的线段删除，完成挂钩的绘制，如图 1-3-11 所示。

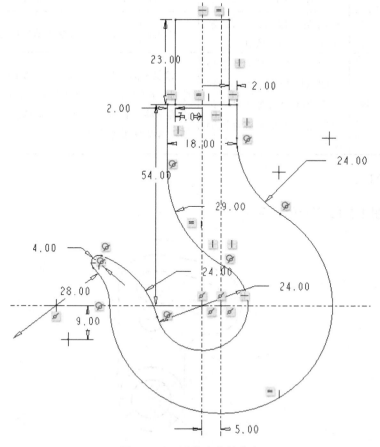

图 1-3-11 删除多余的线段

四、任务拓展

采用绘制图元的命令只能绘制一些简单的图形，要想获得复杂的图形，就需要借助草图标记命令对图元进行位置、形状的调整。草图编辑工具主要有镜像、缩放和旋转、修剪等。具体命令如表 1-3-1 所示。

表 1-3-1　草图编辑工具的说明及操作方法

图　标	说　明	操 作 方 法
⇉ 修改	修改尺寸	将需要修改的尺寸全部选中，单击图标，系统弹出"修改尺寸"对话框，对需要修改的尺寸重新输入值
⑾ 镜像	以某个中心线为基准作对称图形	选取需要镜像的几何图元，点击图标，选择镜像中心线
⌐ᵉ 分割	在选取点的位置处分割图元	单击命令后，选择分割点，将直线、圆弧等图元在该点处进行分割
⸝ᵉ 删除段	动态修剪剖面图元	单击命令后，直接选择要删除的图元
⊢ 拐角	将图元修剪(剪切或延伸)到另一图元或几何	单击命令后，依次选取要剪切或延伸的图元
⟲ 旋转调整大小	"旋转"就是将所选择的图形以某点为中心旋转一个角度，"调整大小"是对所选取的图元进行比例缩放	选取所需要旋转或者调整大小的几何图元，点击图标，在绘图区上方弹出的对话框中修改相关参数，设置平移、旋转、缩放等相关参数，点击"√"按钮即完成旋转调整大小命令

五、思考练习

(1) 绘制图 1-3-12 所示的草图。

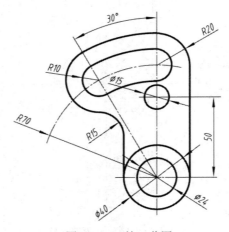

图 1-3-12　练习草图

(2) 绘制图 1-3-13 所示的草图。

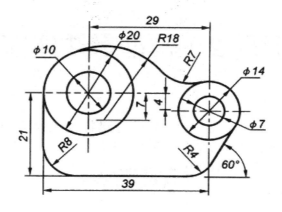

图 1-3-13 练习草图

(3) 绘制图 1-3-14 所示的草图。

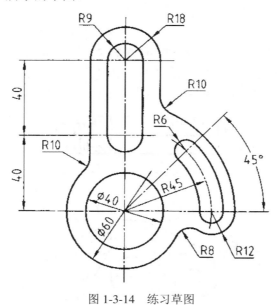

图 1-3-14 练习草图

项目2　典型零件建模

本项目主要介绍进入建模环境、拉伸特征、旋转特征和扫描特征方面的知识与技巧，同时还讲解混合特征的相关知识与操作。通过本项目的学习，读者可以掌握实体特征基础操作方面的知识，为深入学习 Creo 4.0 奠定基础。

任务 1　板盖类零件建模

一、任务描述

板盖类零件的主体为高度方向尺寸较小的棱柱体，其上常有凸台、凹坑、销孔、螺纹孔、螺栓过孔和成型孔用孔等结构。此类零件常由铸造后，经过必要的切削加工而成。本任务以典型的板盖类零件为例(图 2-1-1)，介绍该类零件的建模方法。

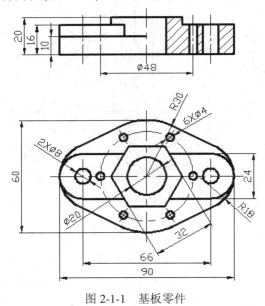

图 2-1-1　基板零件

二、知识链接

1. 拉伸特征

拉伸是将封闭的二维轮廓沿其法线方向拉伸而成三维实体的操作。拉伸是最常用的特征造型方法，很多复杂的设计都可以由它叠加而成。

拉伸特征是由设定的截面通过拉伸而生成的，单击【模型】选项卡的【形状】面板中的【拉伸】按钮 ，弹出【拉伸】操控板，如图 2-1-2 所示。

图 2-1-2 【拉伸】操控板

在【拉伸】操控板中可以执行设置拉伸特征的类型、选择拉伸高度、绘制拉伸截面、改变拉伸方向、预览图形、暂停操作、进入草绘模式创建 2D 图形等操作。主要的选项功能如下：

(1) 【拉伸为实体】▢：生成一个实体拉伸特征。

(2) 【拉伸为曲面】◠：生成一个曲面拉伸特征。

(3) 【从草绘平面以指定深度拉伸】⊥：从草绘平面按指定深度值拉伸。

(4) 【对称拉伸】 ⊟：在各方面上以指定深度值的一半拉伸草绘平面的双侧。

(5) 【拉伸到指定面】⊥：拉伸至选定的点、曲线、平面或曲面。

(6) 【拉伸深度尺寸】 216.51 ：输入拉伸特征的深度。

(7) 【更改拉伸方向】⤢：切换拉伸特征的拉伸方向。

(8) 【移除材料】◿：拉伸特征为减材料，此按钮只有在已有实体特征上生成减材料特征时才可以使用。

(9) 【加厚草绘】▢：生成一个有厚度的拉伸框架。

2．圆周阵列特征

选中要阵列的特征(对于多个特征需要通过右键菜单的"组"命令预先进行编组)，单击工具栏中的【阵列】按钮 ▦，选择阵列方式为"轴"，设置阵列个数为"6"，每个特征之间角度间隔为"90°"，如图 2-1-3 所示。

图 2-1-3 【阵列特征】控制面板

三、任务实施

(1) 单击【文件】→【新建】命令，选择"零件"类型，修改名称为"1"，取消选中"使用缺省模板"复选框，单击【确定】按钮，选择"mmns_part_solid"模板，单击【确定】按钮以进入零件设计环境，如图 2-1-4、图 2-1-5 所示。

图 2-1-4　新建零件　　　　　　　　　　　图 2-1-5　选择模板

(2) 单击【拉伸】 按钮，选择 Front 面作为草绘平面，使用默认参照，进入草绘环境，绘制如图 2-1-6 所示的草图，单击 ✔ 按钮，设置向上拉伸高度 10 mm，得到如图 2-1-7 所示的特征。

提示：在未修改系统环境参数的情况下，Creo 软件的默认参数模板并非国标参数，如长度单位为英制而并非公制，我们可以通过选择合适的设计模板解决这一问题，在初创零件时应尤其注意。

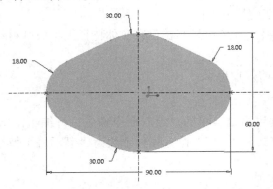

图 2-1-6　拉伸草图　　　　　　　　　　　图 2-1-7　拉伸特征

(3) 单击【拉伸】按钮 ，选择上一步生成的底板上表面作为草绘平面，绘制如图 2-1-8 所示的草图，设置拉伸方式为向上拉伸 10 mm，得到如图 2-1-9 所示的特征。

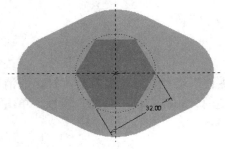

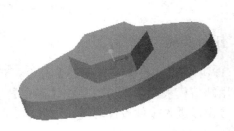

图 2-1-8　拉伸草图　　　　　　　　　　　图 2-1-9　拉伸特征

提示： 包括拉伸、旋转等实体特征在内的草图要求单一且封闭，出现多线(线重叠)、多线、线框共用某一条边的情况时均会产生截面不完整的错误。

(4) 单击【拉伸】按钮 ，选择上底板上表面作为草绘平面，绘制如图 2-1-10 所示的草图，设置拉伸方式为向上拉伸 6 mm，得到如图 2-1-11 所示的特征。

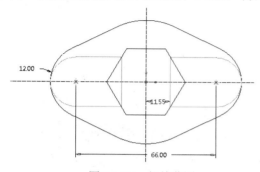
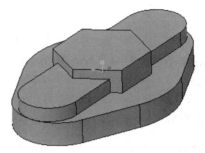

图 2-1-10　拉伸草图　　　　　　　　　　图 2-1-11　拉伸特征

(5) 单击【拉伸】按钮 ，选择上一步新建的板的上表面作为草绘平面，绘制两个 Φ8 mm 的圆，单击【移除材料】按钮 ，设置拉伸方式为"穿透" ，得到如图 2-1-12 所示的特征；同样，单击【拉伸】按钮 ，选择六棱柱上表面作为草绘平面，绘制一个 Φ20 mm 的圆，单击【移除材料】按钮 ，设置拉伸方式为"穿透" ，得到如图 2-1-13 所示的特征。

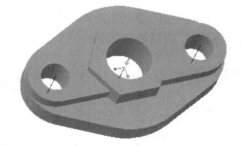

图 2-1-12　拉伸 Φ8 mm 通孔　　　　　　图 2-1-13　拉伸 Φ20 mm 通孔

(6) 单击【孔特征】 ，创建简单孔，设置孔直径为 4，深度方式为"穿透" ，单击【放置】选项卡，选择孔的定位方式为"径向"，按住 CTRL 键不放连续单击 TOP 面和 A_3 轴，设置角度为 0°，径向距离为 24 mm，如图 2-1-14 所示。单击 按钮，如图 2-1-15 所示。

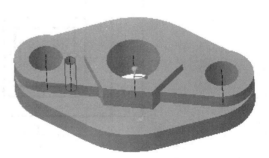

图 2-1-14　【径向孔特征】控制面板　　　　图 2-1-15　穿透孔特征

(7) 选择上一步创建的特征，单击右侧工具栏中的【阵列】按钮 ▦，选择阵列方式为"轴"，选择 A_3 轴作为阵列轴，输入阵列个数 6，阵列角度 60°，单击 ✔ 按钮，设置如图 2-1-16 所示，效果如图 2-1-17 所示。

图 2-1-16　阵列特征控制面板

(8) 选择【文件】→【保存】命令，保存文件并关闭窗口。

四、任务拓展

在【拉伸】操控板中，有一个【加厚草绘】的功能 ▢，主要用于生成薄壁特征。薄壁拉伸与壳的特征很相似，可以任意设置薄壁的厚度。创建薄壁拉伸时需要先绘制好特征的草绘截面，然后返回【拉伸】操控板中编辑薄壁厚度值。

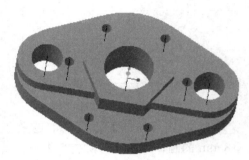

图 2-1-17　圆周阵列

薄壁拉伸特征有以下三种方向：

(1) 向外：指沿着截面指向外侧方向的拉伸特征。

(2) 向中：指沿着截面指向两侧对称方向的拉伸特征。

(3) 向内：指沿着截面指向内侧方向的拉伸特征。

五、思考练习

建立如图 2-1-18 所示的典型零件。

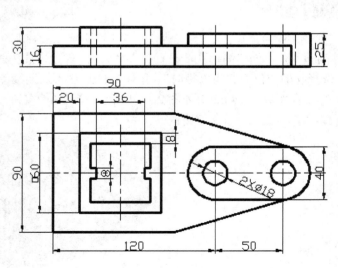

图 2-1-18　典型零件

任务 2 轴类零件建模

一、任务描述

轴类零件的建模主要用到旋转、拉伸等基础特征，其中难点是如何通过旋转的方法建立辅助基准面，以完成槽的创建。本任务以典型的轴类零件为例，如图 2-2-1、图 2-2-2 所示，介绍该类零件的建模方法。

图 2-2-1 轴零件模型

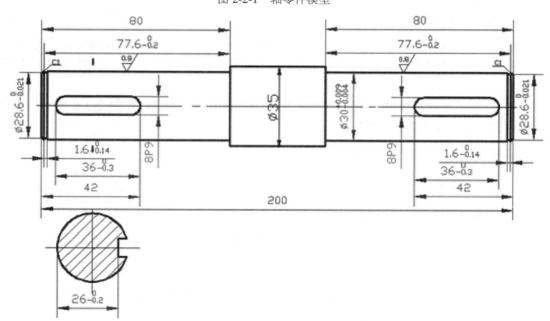

图 2-2-2 轴零件

二、知识链接

1. 旋转特征

旋转是实体建模比较常用的操作，它是通过将指定的截面几何图形绕指定的中心线旋转指定的角度来创建实体，可用于创建回转体或回转曲面。所有旋转特征的设置都需要通过【旋转】操控板进行。【旋转】操控板和【拉伸】操控板很相似，单击【模型】选项卡的【形状】面板中的【旋转】按钮 ◆◆ ，即可弹出【拉伸】操控板，如图 2-2-3 所示。

提示： 旋转草绘必须至少有一条中心线，草图图形必须分布在旋转轴的一侧，实体旋转特征的草图必须封闭。当草图中存在多于一条中心线时，第一条画上的中心线将作为旋转轴。

图 2-2-3 【旋转】操控板

旋转特征分为实体和曲面，单击【旋转】操控板的【实体】按钮 □ 或者【曲面】按钮 ⌂ 即可进行设计。单击【实体】按钮 □ 后，可以单击【移除材料】按钮 ◢ 或者【加厚草绘】按钮 □ 来移除材料或者创建加厚特征，还可以单击【加厚草绘】按钮 □ 右侧的【更改拉伸方向】按钮 ％ 以设置材料的移除区域或加厚材料的方向。

2. 基准平面的建立

创建基准平面即将已知的平面作为参照，创建一个相同的平面，但是名称不同。创建基准平面的方法有很多，下面以通过【平面】按钮创建基准平面为例，介绍创建基准平面的方法：

单击 ⟋ 【平面】按钮，选择 TOP 基准平面，设定偏移距离，如图 2-2-4 所示，得到新的基准平面 DTM1，如图 2-2-5 所示。

图 2-2-4 偏移基准面

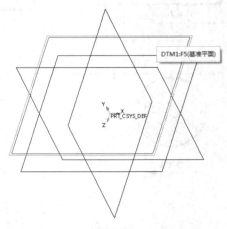

图 2-2-5 偏移得到的新的基准面

三、任务实施

(1) 单击【文件】→【新建】命令，选择"零件"类型，修改名称为"2"，取消选中"使用缺省模板"复选框，单击【确定】按钮，选择"mmns_part_solid"模板，单击【确定】按钮以进入零件设计环境。

(2) 单击【旋转】按钮 ，选择 Front 面作为草绘平面，绘制如图 2-2-6 所示的草图，旋转 360°，完成旋转特征的创建，如图 2-2-7 所示。

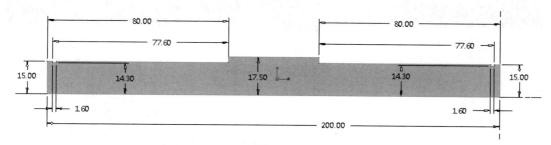

图 2-2-6　旋转特征草图

图 2-2-7　旋转特征

(3) 单击【平面】按钮 ，选择 TOP 基准平面，设定偏移距离为 11 mm，如图 2-2-8 所示，得到新的基准平面 DTM1，如图 2-2-9 所示。该基准平面为 Φ30 mm 轴上键槽的底面。

图 2-2-8　偏移基准面

图 2-2-9　偏移得到的新的基准面

(4) 单击【拉伸】按钮，选择新建的 DTM1 基准平面，进入草绘环境，绘制如图 2-2-10 所示的草图，单击【移除材料】按钮，设置拉伸方式为"穿透"，拉伸方向朝材料薄的一侧，效果如图 2-2-11 所示。

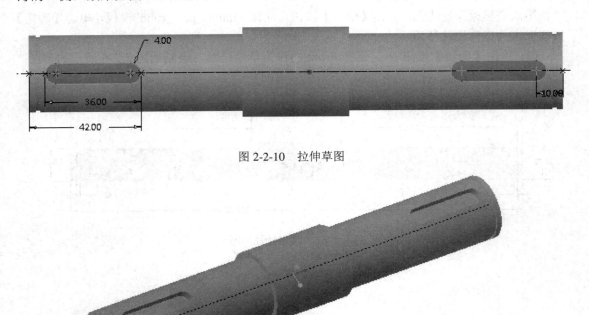

图 2-2-10　拉伸草图

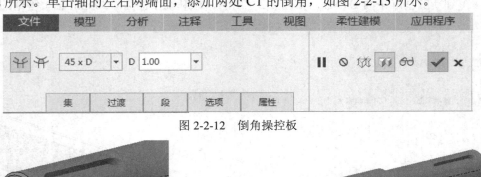

图 2-2-11　键槽结构

(5) 单击【倒角】按钮，打开操控板，设置倒角类型为 45×D，D 为 1 mm，如图 2-2-12 所示。单击轴的左右两端面，添加两处 C1 的倒角，如图 2-2-13 所示。

图 2-2-12　倒角操控板

图 2-2-13　倒角特征

(6) 保存零件。

四、任务拓展

基准平面是参考几何体的一类，它在二维方向上无限延伸。基准平面的主要作用如下：

(1) 作为特征的草绘放置平面、草绘时的参照和尺寸标注的参照。

(2) 视图设置的参照和镜像特征的参照平面。

(3) 装配体中约束条件的参照平面。

(4) 工程图中剖视图建立的参照平面。

基准平面的创建有如下几何约束条件，一般应视具体设计要求灵活组合使用。

(1) 通过：通过选择的基准点、草绘点、轴线、实体边线、曲线、平面或曲面，创建基准平面。

(2) 法向：垂直于轴线、实体边线、曲线、平面，须与其他约束搭配使用。

(3) 平行：平行于选择的平面，须与其他约束搭配使用。

(4) 偏移：与选择的平面或坐标系偏移一个设定距离。

(5) 角度：与选择的平面呈一个设定的夹角。

五、思考练习

建立如图 2-2-14 所示的曲轴零件模型。(倒角 C2，槽特征需创建基准平面，与轴的旋转角度为 45°)

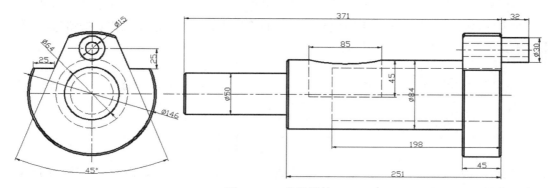

图 2-2-14　曲轴零件

任务 3　管接头零件建模

一、任务描述

弯管接头是连接两向管道的转接零件，弯管是该零件的一个最基本的特征。下面将以图 2-3-1 所示的零件为例，介绍该类零件的建模方法，主要用到扫描特征、拉伸特征、基准平面和修饰螺纹特征。

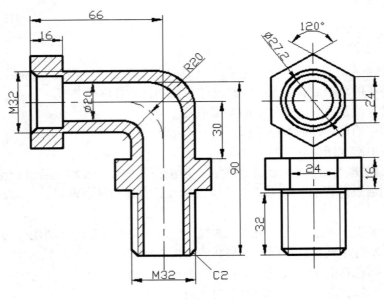

图 2-3-1　管接头零件

二、知识链接

1. 扫描特征

扫描是通过将指定扫描截面的几何形状沿指定的引导线进行扫描来创建实体的操作。

在零件设计环境下，单击【模型】选项卡的【形状】面板中的【扫描】按钮 ，弹出【扫描】操控板，如图 2-3-2 所示。

图 2-3-2　【扫描】操控板

扫描有两大关键点：第一，要有固定的截面；第二，要有扫描轨迹。根据轨迹的不同，生成扫描特征的要求也有所不同。

1) 轨迹开放

在这种情况下，轨迹线的起点必须是轨迹链的起点或是尾点，可以用右键菜单更换起点。

2) 轨迹线封闭

在这种情况下，可以选择生成：① 增加内部因素，即实心，草图截面时截面朝向轨迹内部的线条需删除；② 无内部因素，即空心，草图截面应当封闭。

3) 扫描特征与旁边特征相交

在这种情况下可以选择【合并终点】命令，以达到与配合特征的无缝融合。

2．建立内螺纹特征的注意事项

在创建内螺纹时，应先创建直径为小径大小的光孔，在添加螺纹特征时再定义至大径。

三、任务实施

(1) 单击【文件】→【新建】命令，选择"零件"类型，修改名称为"3"，取消选中"使用缺省模板"复选框，单击【确定】按钮，选择"mmns_part_solid"模板，单击【确定】按钮以进入零件设计环境。

(2) 单击【草绘】按钮 🖐，选择 Front 面作为草绘平面，使用默认参照，进入草绘环境，绘制如图 2-3-3 所示的草图，单击 ✔ 按钮。单击【扫描】按钮 🖐，单击【参照】选项卡，选择草绘线条作为扫描轨迹线，如图 2-3-4 所示。单击【创建扫描截面】按钮 🗹，进入绘制截面的界面，绘制如图 2-3-5 所示的截面，单击 ✔ 按钮，完成扫描特征，如图 2-3-6 所示。

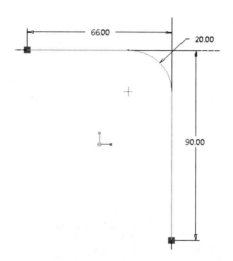

图 2-3-3　草绘线条

图 2-3-4　选择扫描轨迹线

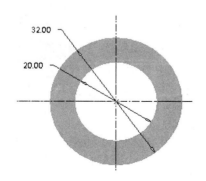

图 2-3-5　绘制截面

图 2-3-6　扫描特征

(3) 单击【拉伸】按钮，选择弯管左端面，绘制如图 2-3-7 所示的草图，设置拉伸深度为 16 mm，得到如图 2-3-8 所示的特征。

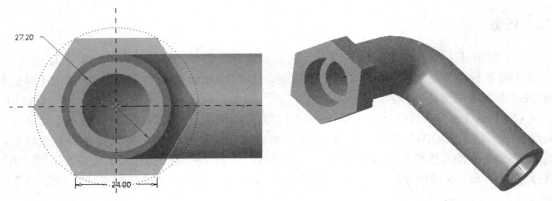

图 2-3-7　拉伸草图　　　　　　　　　图 2-3-8　拉伸特征

(4) 单击【工程】→【修饰螺纹】按钮，在弹出的"修饰螺纹"对话框中选择左侧表面为螺纹起始曲面，选择内圆柱面为螺纹曲面，方向选择正向，螺纹长度设置为盲孔深 20 mm，螺纹大径设置为 32 mm，单击【确定】按钮，完成修饰螺纹的创建，如图 2-3-9 所示。

(5) 单击【平面】按钮，选择 TOP 基准平面，设定向下偏移距离为 30 mm，得到新的基准平面 DTM1，如图 2-3-10 所示。

提示：绘制六边形时应注意从左视图判断放置角度是 0°还是 90°。

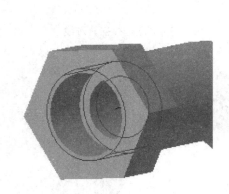

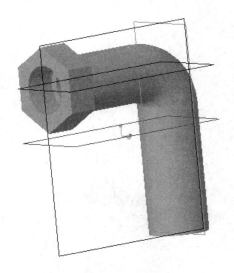

图 2-3-9　修饰螺纹的创建　　　　　　图 2-3-10　生成新的基准平面 DTM1

(6) 单击【拉伸】按钮，选择新建的 DTM1 基准平面，进入草绘环境，绘制如图 2-3-11 所示的草图，设置向下拉伸深度为 16 mm，得到如图 2-3-12 所示的特征。

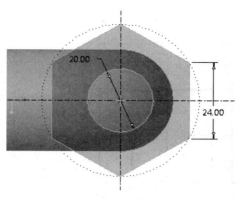

图 2-3-11　拉伸草图

图 2-3-12　拉伸特征

(7) 单击【倒角】按钮 ◈，打开操控板，设置倒角类型为 45×D，D 为 2 mm，生成倒角特征，如图 2-2-13 所示。

(8) 单击【工程】→【修饰螺纹】按钮，在弹出的"修饰螺纹"对话框中选择下端面为螺纹起始曲面，选择外圆柱面为螺纹曲面，方向选择正向，螺纹长度设置为盲孔深 32 mm，螺纹大径设置为 32 mm，单击【确定】按钮，完成修饰螺纹的创建，完成后的弯管接头零件如图 2-3-14 所示。

图 2-3-13　倒角特征

图 2-3-14　完成后的弯管接头零件

(9) 单击【文件】→【保存】按钮，保存文件并关闭窗口。

四、任务拓展

修饰螺纹是表示螺纹直径的修饰特征，以洋红色显示。可以通过指定螺纹内径或外径(分别对应外螺纹与内螺纹)、起始曲面和螺纹长度(或终止边)来创建。修饰螺纹的线型不能修改，也不受模型显示方式的影响，螺纹以默认极限公差设置来创建。

五、思考练习

设计如图 2-3-15 所示的螺杆零件，其中螺纹部分用修饰螺纹生成。(未注圆角 R1)

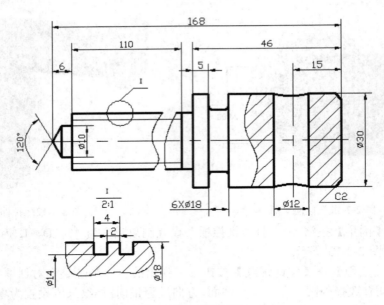

图 2-3-15　螺杆零件

任务 4　叉架类零件建模

一、任务描述

　　叉架类零件主要起连接、拨动、支撑等作用，典型的零件主要包括拨叉、连杆、支架、摇臂等。本任务以一个典型支架零件为例，如图 2-4-1 所示，介绍该类零件的建模方法，主要用到拉伸特征、旋转特征和筋特征。

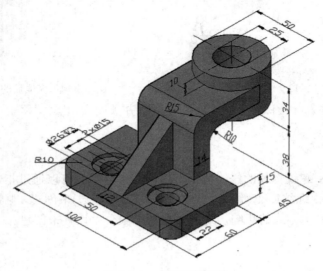

图 2-4-1　典型支架零件

二、知识链接

这里对筋特征作一介绍。

筋特征是设计中连接到实体曲面的薄翼或腹板伸出项，筋通常用来加固设计中的零件，也常用来防止出现不需要的弯折。

筋的构建思想与拉伸有很多相似之处，筋的草绘截面必须是开放性的，只需要绘制筋的外部范围，并指定材料的填充方向，系统会自动填补满筋的空白处。筋分为轨迹筋和轮廓筋。本任务中使用的是轮廓筋，可以通过单击【工程】→【轮廓筋】命令来进行生成，如图 2-4-2、图 2-4-3 所示。

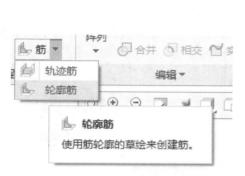

图 2-4-2　【轮廓筋】特征工具

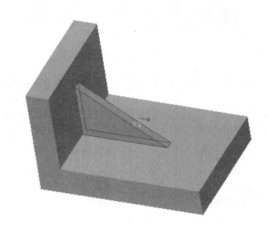

图 2-4-3　轮廓筋

三、任务实施

(1) 单击【文件】→【新建】命令，选择"零件"类型，修改名称为"4"，取消选中"使用缺省模板"复选框，单击【确定】按钮，选择"mmns_part_solid"模板，单击【确定】按钮以进入零件设计环境。

(2) 单击【拉伸】按钮 ，选择 Front 面作为草绘平面，使用默认参照，进入草绘环境，绘制如图 2-4-4 所示的草图，单击 ✔ 按钮，设置向上拉伸高度 15 mm，得到如图 2-4-5 所示的特征。

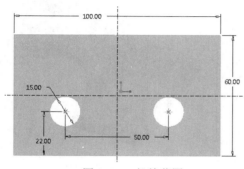

图 2-4-4　拉伸草图

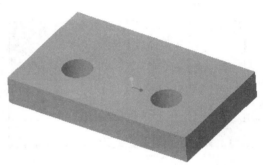

图 2-4-5　拉伸特征

(3) 单击【拉伸】按钮 ，选择上一步新建的底板上表面作为草绘平面，绘制两个 Φ26mm 的圆，如图 2-4-6 所示，单击【移除材料】按钮 ，设置深度为 3 mm，得到如图 2-4-7 所示的特征。

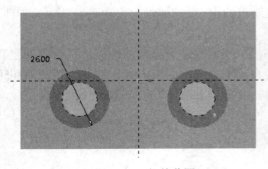

图 2-4-6　拉伸草图　　　　　　　　　　　图 2-4-7　拉伸特征

(4) 单击【旋转】按钮 ，选择 Right 面作为草绘平面，绘制如图 2-4-8 所示的草图，旋转 360°，完成旋转特征的创建，如图 2-4-9 所示。

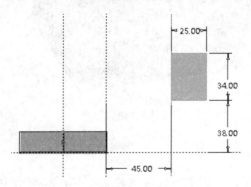

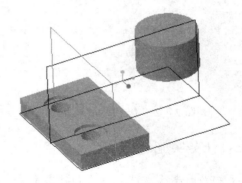

图 2-4-8　旋转特征草图　　　　　　　　　图 2-4-9　旋转特征

(5) 单击【拉伸】按钮 ，选择 Right 面作为草绘平面，绘制如图 2-4-10 所示的草图，设置拉伸方式为对称拉伸 50 mm。再单击【拉伸】 、【移除材料】按钮 ，创建圆柱上的通孔，得到如图 2-4-11 所示的特征。

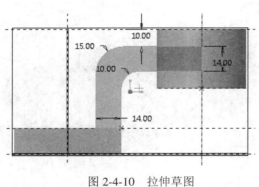

图 2-4-10　拉伸草图　　　　　　　　　　　图 2-4-11　拉伸特征

(6) 单击【工程]→【轮廓筋】按钮，再单击【参考】→【定义】按钮，选择 Right 面作为草绘平面，绘制如图 2-4-12 所示的草图，单击 ✔ 按钮，设置筋的生成方向为向里，筋的厚度为 12 mm，效果如图 2-4-13 所示。

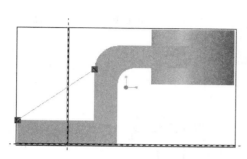

图 2-4-12　筋特征草图

图 2-4-13　　筋特征

(7) 单击【倒圆角】按钮 🔧，设定圆角半径为 10 mm，在底板上创建两处圆角，如图 2-4-14 所示，完成后的零件如图 2-4-15 所示。

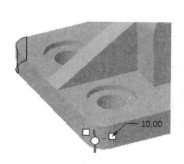

图 2-4-14　圆角特征

图 2-4-15　完成后的零件

(8) 单击【文件】→【保存】按钮，保存文件并关闭窗口。

四、任务拓展

筋特征还有另外一种，即轨迹筋，如图 2-4-16。与轮廓筋相比轨迹筋有以下明显的不同：

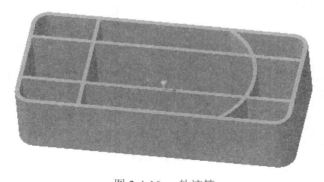

图 2-4-16　轨迹筋

(1) 轨迹筋可以自行延伸至模型，所以绘制轨迹筋轨迹时，无须延伸草图使其与零件对齐。如果轨迹超出模型，筋也会自行修剪至模型截面。

(2) 轨迹筋可以自行相交。

(3) 轨迹筋可以穿过现有特征。

(4) 轨迹筋的草图可以有多个开放环，允许在一个草图中创建多个不相连的筋。

五、思考练习

设计如图 2-4-17 所示的支撑座零件。

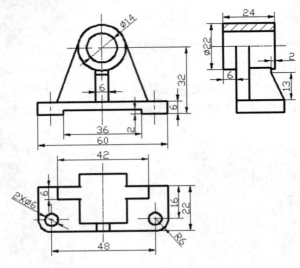

图 2-4-17　支撑座零件

任务 5　风扇叶片零件建模

一、任务描述

风扇叶片是一个综合的曲面建模实例，主要用到边界混合曲面、投影曲线、加厚、圆角等特征，如图 2-5-1 所示。

图 2-5-1　风扇叶片

二、知识链接

1. 基准曲线

基准曲线可以作为创建和修改曲面的辅助线或扫描轨迹等。下面介绍几种在本任务中使用到的基准曲线创建方法。

(1) 草绘曲线：选择一个草绘平面和草绘参照，然后可以在草绘环境中绘制平面曲线。

(2) 基准曲线：可以选择通过直接连接空间存在的点形成基准曲线，也可以选择用方程编制曲线，还可以选择通过横截面生成曲线。

(3) 投影曲线：绘制一个平面草图，准备一个需要投影的曲面，单击【编辑】→【投影】按钮，可以将曲面投影到所选定的曲面上。

2. 填充曲面

如果绘制出了平面上的封闭线环，可以单击【曲面】→【填充】按钮来填充材料，形成曲面，该曲面实质为一张平面。

(1) 边界混合曲面：如果绘制出了空间的封闭线环(不一定在一个平面内)，可以单击【曲面】→【边界混合】按钮 ，通过选择两个方向的曲线来创建空间曲线。

(2) 建立曲面模型的一般思路：构建空间的点、线→使用边界混合、变截面扫描或其他工具完成单张曲面的创建→合并所有曲面→加厚或实体化。

三、任务实施

(1) 单击【文件】→【新建】命令，选择"零件"类型，修改名称为"5"，取消选中"使用缺省模板"复选框，单击【确定】按钮，选择"mmns_part_solid"模板，单击【确定】按钮以进入零件设计环境。

(2) 建立投影曲面。单击【拉伸】按钮 ，选择 Front 面作为草绘平面，使用默认参照，进入草绘环境，绘制一个直径为Φ50 mm，高为 40 mm 的圆柱，如图 2-5-2 所示。按住 Ctrl 键选中圆柱面，点击【复制]、【粘贴】按钮，点 ✔ 确定。选中模型树上的拉伸，右击，找到【隐藏】按钮 ，点击隐藏第一步的拉伸，选中模型树上的复制，点击【偏移】按钮 ，输入偏移值 150，单击 ✔ 按钮，得到如图 2-5-3 所示的特征。建立出内外两圈用来投影的圆柱曲面。

图 2-5-2　拉伸特征

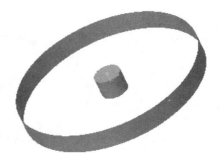

图 2-5-3　两圆柱曲面

(3) 建立辅助基准面与投影界线。首先建立旋转基准轴，在基准中选择【轴】按钮 ，单击小圆柱的圆柱面，生成穿过圆柱面的一个旋转轴。然后单击【平面】按钮 ，按住 Ctrl 键，连续选择轴与 Top 基准平面，设置旋转角度为 30°，得到 DTM1 基准平面，如图 2-5-4 所示。选中基准面，单击【镜像】按钮 ，用中间的对称面进行镜像，以此创建了两个夹角为 120° 的基准平面。如图 2-5-5 所示。

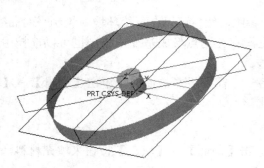

图 2-5-4　DTM1 基准平面

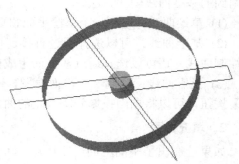

图 2-5-5　两夹角 120° 基准平面

(4) 创建投影界线。单击【点】按钮 ，按住 Ctrl 键，选择 DTM1 和圆柱上端圆弧，得到一个新点 PNT0；再按住 Ctrl 键，选择 DTM1 和圆柱下端圆弧，得到第二个新点 PNT1。同理找到外侧两个新点 PNT2、PNT3，点击【确定】，如图 2-5-6 所示。将找到的四个点进行连线，单击【基准】→【曲线】→【通过点的曲线】，把刚才创建的点，两个为一组进行连线，如图 2-5-7 所示。将连接好的线条镜像到另一侧，按住 Ctrl 键选中两组连线，点击【镜像】按钮 ，选择 Right 对称平面，镜像出另一侧的曲线，如图 2-5-8 所示。这四根曲线即为投影界线，确保投影曲线不会超出边界。

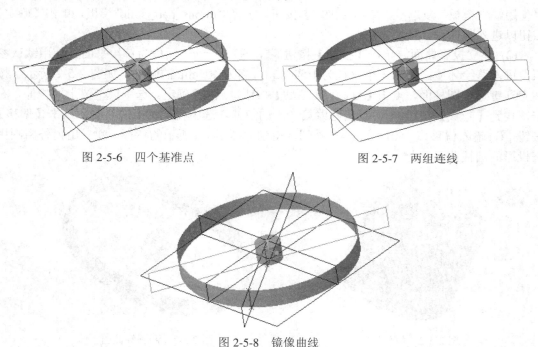

图 2-5-6　四个基准点　　　　　　　　　　　图 2-5-7　两组连线

图 2-5-8　镜像曲线

(5) 在平面绘制并向圆柱面投影曲线。单击【平面】按钮 ▱，将 TOP 面向外偏移 500 mm，得到 DTM2 平面。单击【草绘】按钮 ↷，选择 DTM2 平面，将视图选择为隐藏线模式，将两根内侧的蓝色边界线设为参考，利用圆弧工具画出半径为 80 mm 的小圆弧，如图 2-5-9 所示，点击【确定】。

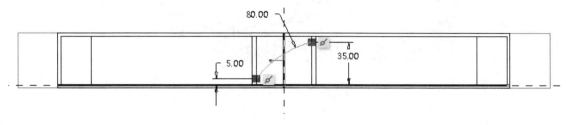

图 2-5-9　绘制小圆弧

(6) 将这根圆弧通过投影的方式投影到内侧的小圆柱面上，单击小圆弧，单击【投影】按钮 ⟿，选择要投影的投影曲面，单击【确定】，生成第一根投影曲线，如图 2-5-10 所示。相同的方法建立大圆柱面上的第二根投影曲线，单击【草绘】按钮 ↷，选择 DTM2 平面，将两根外侧的蓝色边界线设为参考，利用圆弧工具画出半径为 1000 mm 的小圆弧，如图 2-5-11 所示，点击【确定】。

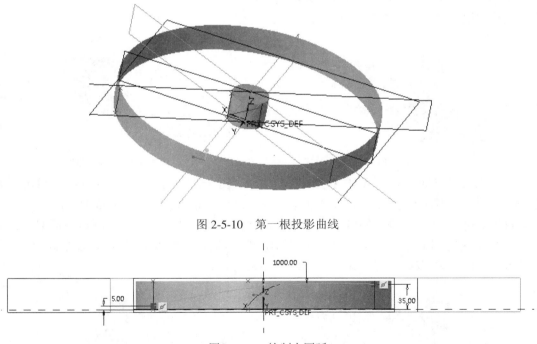

图 2-5-10　第一根投影曲线

图 2-5-11　绘制大圆弧

(7) 将这根大圆弧通过投影的方式投影到外侧的大圆柱面上，单击【投影】按钮 ⟿，选择要投影的投影曲面，单击【确定】，生成第二根投影曲线，如图 2-5-12 所示。在模型树上隐藏"偏移 1"、"四根边界线"。

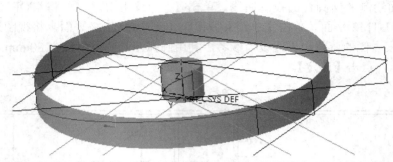

图 2-5-12　第二根投影曲线

(8) 连接左右边界线。隐藏基准平面，单击【基准】→
【曲线】→【通过点的曲线】，将投影曲线的对应端点进行连
接，创建出叶片的封闭线框，如图 2-5-13 所示。

(9) 边界混合生成叶片曲面，加厚曲面。单击【边界混
合】按钮，选择第一方向曲线，按住 Ctrl，选择左右两根，
再选择第二方向曲线，按住 Ctrl，选择内外两根，单击 ✔ 按
钮，得到如图 2-5-14 所示的特征。最后，单击【边界混合】，
选择【加厚】功能，修改加厚方向为两侧对称加厚 3 mm，
单击 ✔ 按钮，得到如图 2-5-15 所示的特征。

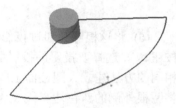

图 2-5-13　叶片的封闭线框

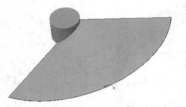

图 2-5-14　叶片曲面

图 2-5-15　加厚曲面

(10) 添加倒圆角特征。单击【倒圆角】按钮，设定圆角半径为 80 mm，单击一侧
边线，创建一侧圆角。同理，另一侧创建半径为 50 mm 的圆角，如图 2-5-16 所示。

(11) 编组特征并阵列。隐藏边框 4 根线，并将边界混合、加厚、倒圆角特征编组。选
中组，单击【阵列】按钮，阵列方式为轴，选中圆柱中间的回转轴，设置个数为 3，夹
角 120°，单击 ✔ 按钮，得到如图 2-5-17 所示的特征。

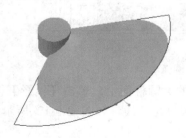

图 2-5-16　圆角特征

图 2-5-17　完成后的风扇叶片

(12) 单击【文件】→【保存】按钮，保存文件并关闭窗口。

四、任务拓展

加厚曲面是指曲面通过一定的方式进行加厚处理而形成的具有均匀厚度的实体。加厚曲面的形式有 3 种，即垂直于曲面、自动拟合和控制拟合，其中垂直于曲面是系统默认的形式。

五、思考练习

设计如图 2-5-18 所示的玫瑰花曲面模型。

图 2-5-18   玫瑰花曲面模型

任务 6   汤勺零件建模

一、任务描述

汤勺的设计师典型的曲面模型设计，主要用到边界混合曲面、曲面的合并、曲面组的实体化、拉伸、填充、壳、圆角等特征。如图 2-6-1 所示。

图 2-6-1   汤勺零件

二、知识链接

1. 合并曲面

对于两个相交的或者相连的曲面，可以将它们合并成一个面组，合并曲面有两种方法，即相交合并和连接合并。若一个曲面的某边界恰好是另一个曲面的边界线时，多采用连接合并方式合并曲面。

2. 实体化曲面

实体化是指将选定的曲面特征或面组几何特征转换为实体几何。在设计过程中，可使用实体化操作添加、移除或更换实体材料。设计时，由于面组几何提供更大的灵活性，因而可利用实体化操作对几何进行转换以满足设计要求。

三、任务实施

(1) 单击【文件】→【新建】命令，选择"零件"类型，修改名称为"6"，取消选中"使用缺省模板"复选框，单击【确定】按钮，选择"mmns_part_solid"模板，单击【确定】按钮以进入零件设计环境。

(2) 单击【草绘】按钮◥，选择 Top 面作为草绘平面，使用默认参照，进入草绘环境，绘制如图 2-6-2 所示的草图 1，单击 ✔ 按钮。单击【平面】按钮▱，选择 TOP 基准平面，设定向上偏移距离为 25 mm，得到新的基准平面 DTM1。单击【草绘】按钮◥，选择 DTM1 作为草绘平面，绘制如图 2-6-3 所示的草图 2，单击 ✔ 按钮。

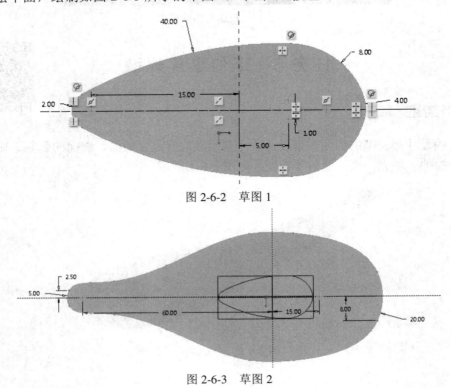

图 2-6-2 草图 1

图 2-6-3 草图 2

（3）单击【点】按钮 ❈❈，按住 Ctrl 键，选取 F5 曲线与 FRONT 面，找到交点 PNT0，同理添加新点，创建另外三个交点，单击【确定】，如图 2-6-4 所示。

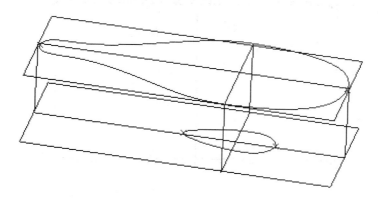

图 2-6-4　四个交点

（4）单击【草绘】按钮 ↷，选择 FRONT 面作为草绘平面，进入草绘环境，绘制如图 2-6-5 所示的草图 3，单击 ✔ 按钮。

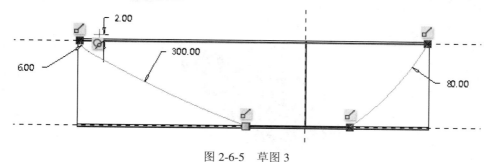

图 2-6-5　草图 3

（5）单击【点】按钮 ❈❈，按住 Ctrl 键，选取 F7 曲线与 RIGHT 面，找到交点 PNT4，同理添加新点，创建另外三个交点，单击【确定】，如图 2-6-6 所示。

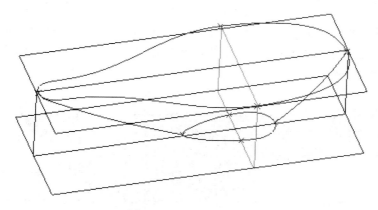

图 2-6-6　新增四个交点

（6）单击【草绘】按钮 ↷，选择 RIGHT 面作为草绘平面，方向为上，进入草绘环境，绘制如图 2-6-7 所示的草图 4，单击 ✔ 按钮。

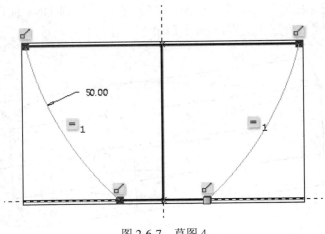

图 2-6-7 草图 4

(7) 单击【边界混合】按钮，选择第一方向曲线，按住 Ctrl，选择曲线 F7 和曲线 F5 共两条，再选择第二方向曲线，按住 Ctrl，选择曲线 F9 和曲线 F11 共四条，单击 ✔ 按钮，得到如图 2-6-8 所示的特征。

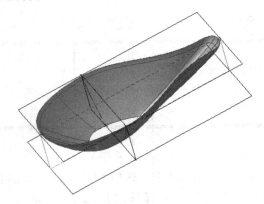

图 2-6-8 边界混合特征

(8) 单击【拉伸】按钮，按下曲面命令，选择 Front 面作为草绘平面，方向为右，进入草绘环境，绘制如图 2-6-9 所示的图线，单击 ✔ 按钮，设置两侧对称拉伸 60 mm，得到如图 2-6-10 所示的特征。

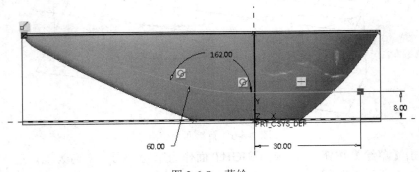

图 2-6-9 草绘

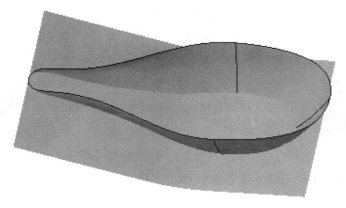

图 2-6-10　拉伸特征

(9) 选择过滤器为面组，按住 Ctrl，选择两个面，单击【合并】按钮 ⬡，反向，单击 ✔ 按钮，得到如图 2-6-11 所示的特征。

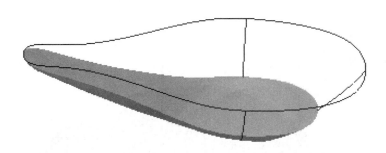

图 2-6-11　合并特征

(10) 单击【填充】按钮 ▨，填充破孔，单击 ✔ 按钮，如图 2-6-12 所示。选取面组，按住 Ctrl，选择勺子表面和底面，单击【合并】按钮 ⬡，单击 ✔ 按钮，将所有面组合并为封闭面组，如图 2-6-13 所示。

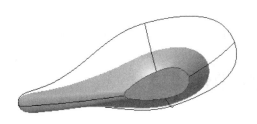

图 2-6-12　填充破孔

图 2-6-13　合并特征

(11) 单击【倒圆角】按钮 🝆，设定圆角半径为 1 mm，单击勺底，创建圆角特征，如图 2-6-14 所示。

(12) 选择勺子，单击【实体化】按钮 ⬡，使封闭面组变成实体。单击【壳】按钮 ▦，选取要移除的面，设置厚度为 0.8 mm，单击 ✔ 按钮，得到如图 2-6-15 所示的特征。

(13) 单击【倒圆角】按钮 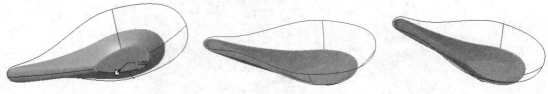，按住 Ctrl，选择勺子的内外两边，单击【集】，选择完全倒圆角命令，单击 ✔ 按钮，完成勺子设计，如图 2-6-16 所示。

| 图 2-6-14 圆角特征图 | 图 2-6-15 抽壳特征 | 图 2-6-16 完成后的汤勺零件 |

(14) 单击【文件】→【保存】按钮，保存文件并关闭窗口。

四、任务拓展

在建模过程中经常需要选择某些面、线、点等项目，在复杂零件和组件中有时很难选择，这时候选择过滤器可以帮助我们过滤掉其他类型特征。选择过滤器位于右下角，默认选择过滤器为几何，还可以选择边、曲面、基准、曲线、面组等。

五、思考练习

参照图 2-6-17 所示设计鼠标模型。

图 2-6-17　鼠标模型

任务 7　电吹风零件建模

一、任务描述

本节主要介绍了电吹风造型实例，建模过程中主要运用了拉伸、旋转、扫描、边界混合、合并、加厚、壳等命令，如图 2-7-1 所示。通过本节的学习，可以更快地熟悉和掌握曲面设计的基本命令与方法。

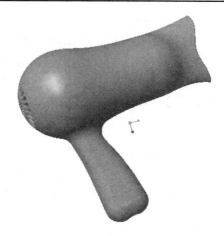

图 2-7-1　电吹风

二、知识链接

这里对可变剖面扫描作一介绍。

单击【扫描】按钮 🖼，出现【扫描特征】控制面板。单击【可变剖面扫描】按钮 ✎，允许截面根据参数化参考或沿扫描的关系进行变化。

打开【参考】选项卡后，可以选择绘制的曲线作为扫描的原点轨迹线和额外轨迹线，其中选取第一根曲线作为原点轨迹线，一般要求相切，额外轨迹线则没有这个要求。

单击 🖉 按钮，绘制一个或多个截面后，可创建普通扫描与可变剖面扫描特征。

三、任务实施

(1) 单击【文件】→【新建】命令，选择"零件"类型，修改名称为"7"，取消选中"使用缺省模板"复选框，单击【确定】按钮，选择"mmns_part_solid"模板，单击【确定】按钮以进入零件设计环境。

(2) 单击【旋转】按钮 💠，选择 Front 面作为草绘平面，绘制如图 2-7-2 所示的草图，旋转 360°，完成旋转特征的创建，如图 2-7-3 所示。

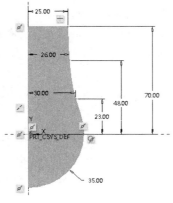

图 2-7-2　旋转特征草图

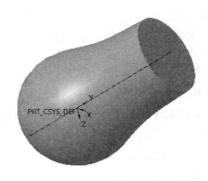

图 2-7-3　旋转特征

(3) 单击【草绘】按钮✎，选择 Front 面作为草绘平面，方向为右，进入草绘环境，绘制如图 2-7-4 所示的草图，单击 ✔ 按钮。单击【扫描】按钮◺，选择【可变剖面扫描】按钮◿，单击【参照】选项卡，选择上方一条曲线为原点轨迹线，按住 Ctrl 键选取另外一条曲线为额外轨迹线，如图 2-7-5 所示。单击◿按钮，绘制如图 2-7-6 所示的截面图形，单击 ✔ 按钮，完成扫描特征，如图 2-7-7 所示。

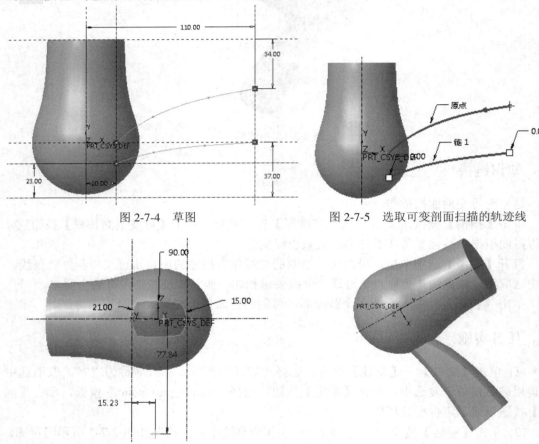

图 2-7-4　草图　　　　　　　　　　　　图 2-7-5　选取可变剖面扫描的轨迹线

图 2-7-6　草绘截面　　　　　　　　　　　图 2-7-7　剖面扫描特征

(4) 单击【倒圆角】按钮🖉，选择把手四边，设置半径为 9 mm，单击 ✔ 按钮，单击【倒圆角】按钮🖉，选择连接把手与主体部分的边线，设置半径为 10 mm，单击 ✔ 按钮，再单击【倒圆角】按钮🖉，选择把手底边，设置半径为 11 mm，单击 ✔ 按钮，完成圆角特征，如图 2-7-8 所示。

(5) 单击【壳】按钮▣，选取要移除的面，设置厚度为 2 mm，单击 ✔ 按钮，得到如图 2-7-9 所示的特征。

(6) 单击【拉伸】按钮◳，选择 Top 面作为草绘平面，进入草绘环境，绘制如图 2-7-10 所示的草图，单击【移除材料】按钮◿，设置拉伸方式为"穿透"╪，单击 ✔ 按钮，再单击(倒圆角)按钮🖉，选择通风小孔的里外两边，设置半径为 0.3 mm，单击 ✔ 按钮，完成圆角特征，得到如图 2-7-11 所示的特征。

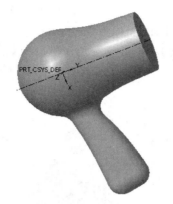

图 2-7-8　圆角特征

图 2-7-9　壳特征

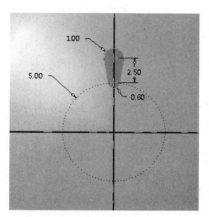

图 2-7-10　草图 1

图 2-7-11　拉伸特征

（7）按住 Ctrl 键，在左侧模型树上选中拉伸与倒圆角特征，然后单击右键，从快捷菜单中选中"组"命令，将其编为一组。选择上一步创建的组特征，单击【阵列】按钮 ▦，选择阵列方式为"轴"，选择 A_1 轴作为阵列轴，输入阵列个数 16，角度范围 360°，单击 ✔ 按钮，小孔效果如图 2-7-12 所示。同样的方法，根据图 2-7-13 所示的草图，阵列 20 个大孔，效果如图 2-7-14 所示。

图 2-7-12　小孔阵列效果

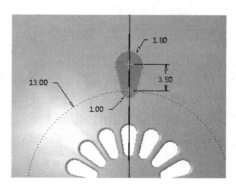

图 2-7-13　草图 2

(8) 单击【平面】按钮 ▱，选择 Right 基准平面，设定向下偏移距离为 110 mm，得到新的基准平面 DTM1，单击【拉伸】按钮 ⬒，选择 DTM1 面作为草绘平面，绘制一个直径为 10 mm 的圆，单击【移除材料】按钮 ⬚，做出电线孔，并倒圆角，半径为 0.5 mm，如图 2-7-15 所示。

图 2-7-14　大孔阵列效果图　　　　　　　　　图 2-7-15　电线孔

(9) 单击【旋转】按钮 ⚬⚬，选择 Right 面作为草绘平面，绘制如图 2-7-16 所示的草图，设置曲面旋转，角度 360°，完成旋转特征的创建，如图 2-7-17 所示。

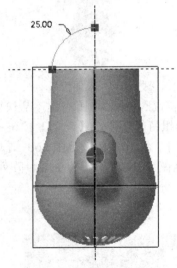

图 2-7-16　旋转特征草图　　　　　　　　　　图 2-7-17　曲面旋转特征

(10) 单击【平面】按钮 ▱，选择 Top 基准平面，设定向外偏移距离为 112 mm，得到新的基准平面 DTM2，单击【草绘】按钮 ⬚，选择 DTM2 面作为草绘平面，绘制如图 2-7-18 所示的草图 1，单击 ✔ 按钮。单击【平面】按钮 ▱，选择 Top 基准平面，设定向外偏移距离为 70 mm，得到新的基准平面 DTM3，单击【草绘】按钮 ⬚，选择 DTM3 面作为草绘平面，绘制如图 2-7-19 所示的草图 2，单击 ✔ 按钮。

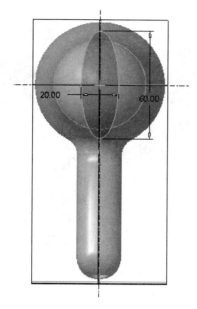

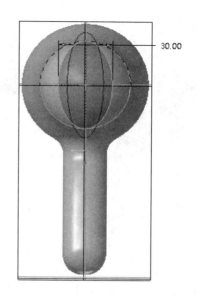

图 2-7-18　草图 1　　　　　　　　　图 2-7-19　草图 2

　（11）单击【点】按钮 ，创建四个点，如图 2-7-20 所示。单击【草绘】按钮 ，选择 Front 面作为草绘平面，绘制如图 2-7-21 所示的草图，单击 ✔ 按钮。

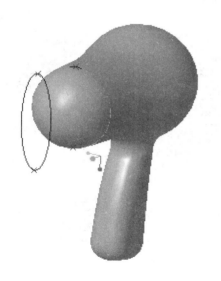
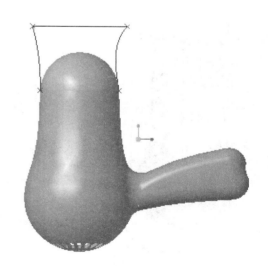

图 2-7-20　四个点　　　　　　　　　图 2-7-21　草图

　（12）单击【边界混合】按钮 ，选择第一方向曲线，按住 Ctrl，选择两个椭圆，再选择第二方向曲线，按住 Ctrl，选择两条边线，单击 ✔ 按钮。单击【合并】按钮 ，反向，连接处倒圆角，半径为 20 mm，得到如图 2-7-22 所示的特征。选择【加厚】功能 ，修改加厚方向为向内加厚 2 mm，单击 ✔ 按钮，得到如图 2-7-23 所示的特征。

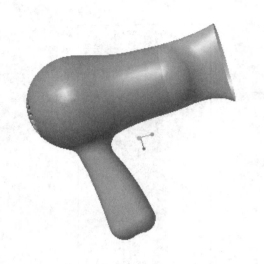

图 2-7-22   合并特征   图 2-7-23   加厚特征

(13) 单击【拉伸】按钮，选择 Front 面作为草绘平面，进入草绘环境，用样条曲线绘制如图 2-7-24 所示的草图，两侧对称拉伸，单击【移除材料】按钮，单击 ✔ 按钮，再单击【倒圆角】按钮，完全倒圆角，设置半径为 2 mm，单击 ✔ 按钮，完成圆角特征，最终得到如图 2-7-25 所示的特征。

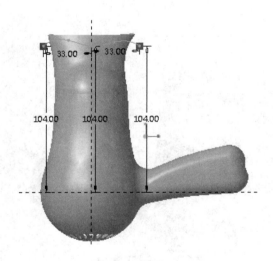

图 2-7-24   草图   图 2-7-25   完成后的吹风机零件

(14) 单击【文件】→【保存】按钮，保存文件并关闭窗口。

四、任务拓展

在混合不同形状的草绘图形时，要保持图形的图元数一致，即顶点数量相同。一般先画顶点数多的图形，切换剖面后画顶点数少的图形，然后利用"分割"工具给图形添加分割点，直至图形的顶点数相同。混合时还需注意图形的起点位置应一致，不然易造成扭曲。

五、思考练习

设计如图 2-7-26 所示的洗发水瓶模型。

图 2-7-26　洗发水瓶模型

项目 3   组件装配与工程图绘制

建模保存好的机械零件可以通过 CREO4.0 软件组件环境中的相关工具组装成部件，部件和零件的组装可以构成机器。CREO4.0 是通过定义零件间的约束关系实现零件的位置定义和放置。对于装配体中的零件和子装配体可以进行打开、编辑定义、删除、隐藏、隐含等操作，也可以进行干涉检查、间隙分析、机构运动的仿真等。

在实际生产过程中，特别是在生产的第一线，传统的二维平面工程图是必不可少的数据交互手段，是指导工人生产、交流和表达设计意图的常规方式。CREO4.0 提供了强大的工程图功能，用户可以直接由建立保存的三维零件模型投影得到需要的工程视图，包括各种基本视图、剖视图、局部放大图和旋转视图等，并可以在图样上根据设计需要标注尺寸公差、形位公差、表面粗糙度及注释、注写技术要求等。

本项目将通过多个实例来介绍组件设计的方法，以及在 CREO4.0 环境下零件图的绘制过程、尺寸注写要求和编辑处理方法，然后辅以一定的练习，帮助读者理解掌握本单元内容。

任务 1   传动机构装配设计

一、任务描述

传动机构是常见的机械设备(如图 3-1-1 所示)，工业中广泛用于力的传递，本任务将通过完成传动机构的装配设计，重点介绍在 CREO4.0 环境下，如何按照一定的关系装配零件，训练学习者基本的装配设计能力。

图 3-1-1   传动机构模型

二、知识链接

装配的过程，实际就是确定各零件或子装配体之间的关系过程。在 Creo 的装配环境中，如果装配不需要定义机构运动关系，软件提供了用户定义集来帮助设计者确定装配对象之间的几何约束关系。

(1) ⚡ 自动：系统默认的约束方式，系统根据情况自动判断使用何种约束。

(2) ⫴ 距离：通过指定两个面之间的间距来确定几何关系。

(3) 👆 角度偏移：通过指定两个面之间的夹角来确定几何关系。

(4) ▥ 平行：通过指定两个面互相平行来确定几何关系。

(5) ▦ 重合：通过指定两个面重合来确定几何关系。

(6) ⤵ 法向：通过指定线与面相互垂直来确定几何关系。

(7) 🗇 共面：通过指定两个面共面来确定几何关系。

(8) ⼖ 居中：通过指定坐标系与坐标系对齐来确定几何关系。

(9) 🔧 相切：通过指定两个对象相切来确定几何关系。

(10) 🔩 固定：通过元件固定到当前位置。

(11) 🔲 默认：通过对齐零件的默认坐标系与装配环境的默认坐标系来放置。

三、任务实施

1. 新建装配文件

单击【文件】→【新建】命令，在弹出的新建对话框中选中"装配"类型，子类型选择"设计"，修改组件名称为 cdjg，去除 □ 使用默认模板 勾选框里的对钩，在出现的"新文件选项"对话框中选择"mmns_asm_desing"模板，单击【确定】进入装配环境。如图 3-1-2、图 3-1-3、图 3-1-4 所示。

图 3-1-2　"新建"对话框

图 3-1-3　"新文件选项"对话框

图 3-1-4　装配环境界面

2．装配基座

在【模型】选项卡的"元件"区域点击【组装】按钮 ，系统弹出"打开"对话框，选择 jizuo1.prt，单击【打开】按钮，系统弹出【元件放置】操控板，选择 ⊞ 默认 ▾ 按钮，单击操控板上的 ✔ 按钮，完成基座的装配。如图 3-1-5、图 3-1-6、图 3-1-7 所示。

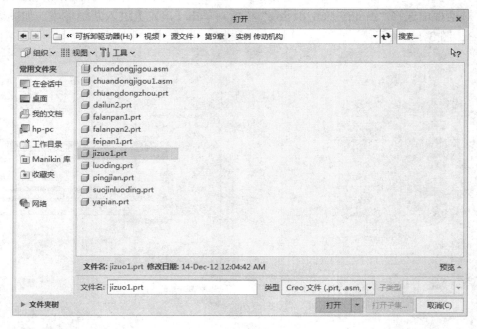

图 3-1-5　"打开"对话框

图 3-1-6　【元件放置】操控板

图 3-1-7　装配基座

3．装配传动轴

在【模型】选项卡的"元件"区域单击【组装】按钮，系统弹出"打开"对话框，选择 chuandongzhou.prt，单击【打开】按钮，装入传动轴。如图 3-1-8 所示。

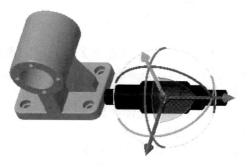

图 3-1-8　装入传动轴

4．添加传动轴的第一个约束

单击操控板中的【放置】选项卡，在绘图区选择传动轴 A-1 轴线与基座的 A-1 轴线，【放置】选项卡的"约束类型"选择 ▐▌重合 ▾，单击【新建约束】按钮，以便添加第二个约束，如图 3-1-9、图 3-1-10 所示。

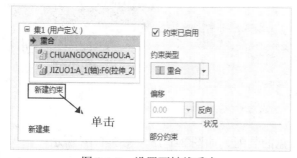

图 3-1-9　设置两轴线重合

图 3-1-10　轴线重合关系

5. 添加传动轴的第二个约束

在绘图区点选基座的左端面与传动轴的第二轴段的左端面"约束类型"设置为
⬚ 距离 ▾ ，偏移值输入 40，单击 ✔ 按钮，完成传动轴的装配，如图 3-1-11、图 3-1-12 所示。

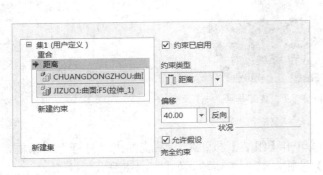

图 3-1-11　设置距离

图 3-1-12　两端面呈距离关系

6. 装配左侧法兰盘

在【模型】选项卡的"元件"区域点击【组装】按钮 ，系统弹出"打开"对话框，选择 falanpan1.prt，单击【打开】按钮，装入法兰盘。单击操控板中的"放置"选项卡，选择在绘图区点选法兰盘 A-1 轴线与基座的 A-1 轴线，"约束类型"选择 重合 ▾ ，完成第一个约束设置。点击【新建约束】按钮，绘图区选择法兰盘螺钉孔轴线与基座螺钉孔轴线，"约束类型"选择 重合 ▾ ，完成第二个约束设置。点击【新建约束】按钮。绘图区点选基座的左端面与法兰盘的右端面，"约束类型"选择 重合 ▾ ，完成第三个约束设置，单击 ✔ 按钮，完成左侧法兰盘的装配，如图 3-1-13、图 3-1-14 所示。

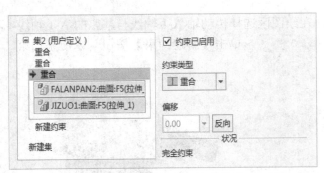

图 3-1-13　装配约束关系

图 3-1-14　装配左侧法兰盘

7. 装配右侧法兰盘

按照上述装配方法，完成右侧法兰盘的装配，如图 3-1-15、图 3-1-16 所示。

图 3-1-15　装配约束关系

图 3-1-16　装配右侧法兰盘

8．装配螺钉

在【模型】选项卡的"元件"区域点击【组装】按钮，系统弹出"打开"对话框，选择 luoding.prt，单击【打开】按钮，装入螺钉。单击操控板中的【放置】选项卡，在绘图区选择法兰盘螺钉孔的轴线，约束类型为"重合"，单击【新建约束】按钮，绘图区选择螺钉端面与法兰盘阶梯孔端面，约束类型为"重合"，单击 ✔ 按钮，完成螺钉的装配，如图 3-1-17、图 3-1-18 所示。

图 3-1-17　装配约束关系

图 3-1-18　装配螺钉

9．装配其余螺钉

按照上述装配方法，完成两侧其余七个螺钉的装配，如图 3-1-19 所示。

图 3-1-19　全部螺钉装配完成

10. 装配平键

在【模型】选项卡的"元件"区域点击【组装】按钮 🖫，系统弹出"打开"对话框，选择 pingjian.prt，单击【打开】按钮，装入平键。单击操控板中的【放置】选项卡，在绘图区选择平键圆柱面与键槽圆柱面，约束类型为 🖋 相切 ▾ ，单击【新建约束】按钮，绘图区选择平键侧面与键槽侧面，约束关系为"重合"，单击【新建约束】按钮，选择平键底面与键槽底面，约束关系为"重合"，单击 ✔ 按钮，完成平键的装配，如图 3-1-20、图 3-1-21、图 3-1-22 所示。

图 3-1-20　装配约束关系

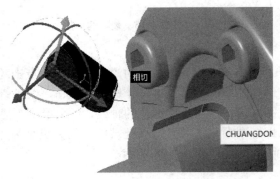

图 3-1-21　选择平键圆柱面与键槽圆柱面

图 3-1-22　装配平键

11. 装配带轮

在【模型】选项卡的"元件"区域点击【组装】按钮 🖫，系统弹出"打开"对话框，选择 dailun2.prt，单击【打开】按钮，装入带轮。单击操控板中的【放置】选项卡，在绘图区选择带轮的轴线与传动轴的轴线，约束类型为"重合"，单击【新建约束】按钮，绘图区选择带轮键槽侧面与平键侧面，约束关系为"重合"，单击【新建约束】按钮，选择带轮端面与法兰盘端面，约束关系为"距离"，偏移值设为 10，单击 ✔ 按钮，完成平键的装配，如图 3-1-23、图 3-1-24 所示。

图 3-1-23　装配约束关系

图 3-1-24　装配带轮

12. 装配飞盘

在【模型】选项卡的"元件"区域点击【组装】按钮，系统弹出"打开"对话框，选择 feipan.prt，单击【打开】按钮，装入飞盘。单击操控板中的【放置】选项卡，在绘图区选择飞盘的轴线与传动轴的轴线，约束类型为"重合"，单击【新建约束】按钮，绘图区选择飞盘的端面与传动轴右侧第二轴段端面，约束关系为"重合"，单击✔按钮，完成飞盘的装配，如图 3-1-25、图 3-1-26 所示。

图 3-1-25　装配约束关系

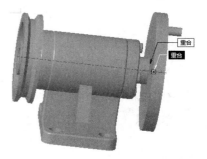

图 3-1-26　装配飞盘

13. 装配压片

在【模型】选项卡的"元件"区域点击【组装】按钮，系统弹出"打开"对话框，选择 yapian.prt，单击【打开】按钮，装入压片。单击操控板中的【放置】选项卡，在绘图区选择压片的轴线与传动轴的轴线，约束类型为"重合"，单击【新建约束】按钮，绘图区选择压片的端面与传动轴的端面，约束关系为"重合"，单击✔按钮，完成压片的装配，如图 3-1-27、图 3-1-28 所示。

图 3-1-27　装配约束关系

图 3-1-28　装配压片

14．装配锁紧螺钉

在【模型】选项卡的"元件"区域点击【组装】按钮，系统弹出"打开"对话框，选择 suojinluoding.prt，单击【打开】按钮，装入锁紧螺钉。单击操控板中的【放置】选项卡，在绘图区选择锁紧螺钉的轴线与传动轴的锁紧螺钉孔轴线，约束类型为"重合"，单击【新建约束】按钮，绘图区选择锁紧螺钉的端面与压片端面，约束关系为"重合"，单击 ✔ 按钮，完成压片的装配。如图 3-1-29、图 3-1-30 所示。

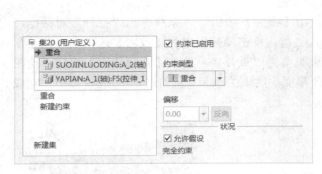

图 3-1-29　装配约束关系　　　　　　　　　图 3-1-30　装配锁紧螺钉

15．保存文件

单击【文件】→【保存】，保存装配模型。

四、任务拓展

分解图可以直观的表达零部件之间的装配或拆卸关系，使用 Creo 可以很方便地为装配体生成分解图。

(1) 单击【文件】→【打开】按钮，选择刚才装配好的装配体文件。

(2) 单击【模型】选项卡中的"模型显示"区域的 ⚙ 编辑位置 按钮，装配体会进行默认的分解，如图 3-1-31 所示。

图 3-1-31　默认分解状态

(3) 设置分解运动方式为【平移】 ▭，打开【参考】选项卡，选择"移动参考"，单击要移动的零件，点击零件上的坐标轴进行零件的移动，如图 3-1-32、图 3-1-33 所示。

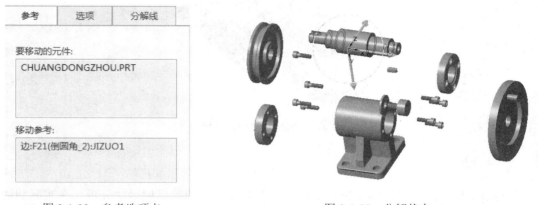

| 参考 | 选项 | 分解线 |

要移动的元件：
CHUANGDONGZHOU.PRT

移动参考：
边:F21(倒圆角_2):JIZUO1

图 3-1-32　参考选项卡　　　　　　图 3-1-33　分解状态

(4) 单击【模型】选项卡"模型显示"区域的 分解视图 按钮，回到未分解状态。

五、思考练习

试装配如图 3-1-34 所示的电风扇头部模型，并完成分解图，零件可从教学资源相关文件中调取。

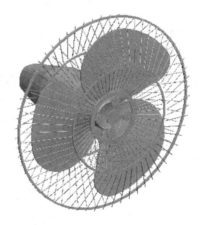

图 3-1-34　电风扇头部装配体

任务 2　装配曲柄滑块机构与仿真分析

一、任务描述

曲柄滑块机构是常见的运动机构之一(如图 3-2-1 所示)，本任务将通过完成曲柄滑块机构的零件建模、组装、机构运动仿真、参数分析等步骤，重点介绍 CREO4.0 软件组件的设计思路和方法。

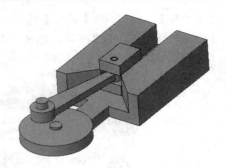

图 3-2-1　曲柄滑块机构的装配图

二、知识链接

机构运动仿真分析可以实现机械工程中非常复杂、精确的机构运动分析，在实际制造前利用零件的三维数字模型进行机构运动仿真已成为现代 CAD 工程中的一个重要方向及课题。机构仿真分析的解决对象一般包括位移、速度、加速度、力、零件干涉、作用力等问题。一般来说，先要将零件的三维模型建好，其次确定运动零件，并确定各运动零件之间的约束关系，最后使用软件的分析功能进行仿真与分析。其中的关键环节是建立零件间的约束关系及载荷定义并求解。

三、任务实施

1．装配曲柄滑块机构运动模型

(1) 新建装配文件。单击【文件】→【新建】命令，在弹出的新建对话框中选中"装配"类型，子类型选择"设计"，修改组件名称为 qbhkjg，去除 □ 使用默认模板 勾选框里的对钩，在出现的新文件对话框中选择 mmns_asm_desing 模板，单击【确定】进入装配环境，如图 3-2-2、图 3-2-3 所示。

图 3-2-2　"新建"对话框　　　　　　　　　　　图 3-2-3　模板的选择

（2）进入装配环境。装配环境的操作界面如图 3-2-4 所示。

图 3-2-4　装配环境操作界面

（3）装配主体。在【模型】选项卡的"元件"区域单击【组装】按钮，系统弹出"打开"对话框，选择 zhuti.prt，单击【打开】按钮，装入主体，系统弹出【元件放置】操控板，选择 旦 默认 ，单击操控板上的 ✔ 按钮，完成主体的装配，如图 3-2-5 所示。

图 3-2-5　元件放置操控板

（4）装配圆盘。在【模型】选项卡的"元件"区域单击【组装】按钮，系统弹出"打开"对话框，选择 yuanpan.prt，单击【打开】按钮，装入圆盘，系统弹出【元件放置】操控板。在"用户定义"下拉列表下选择 销 连接方式，单击【放置】选项卡，在绘图区选择圆盘的"A_3"轴与底座的"A_2"轴，约束类型为"重合"，单击【新建约束】按钮，绘图区选择圆盘的下表面与底座槽的上表面，约束类型为"重合"，单击 ✔ 完成圆盘零件的装配，如图 3-2-6、图 3-2-7 所示。具体圆盘与底座及连杆与圆盘的销钉连接方式如表 3-2-1、表 3-2-2 所示。

图 3-2-6　销钉连接放置操控面板设置

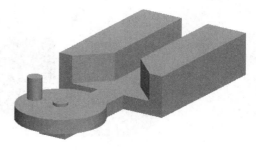

图 3-2-7　圆盘的组装

表 3-2-1   圆盘与底座的销钉连接

约束类型	元 件	组 件	偏 移
轴对齐	A_3 轴	A_2 轴	重合
平移	圆盘下表面	底座槽上表面	重合

(5) 装配连杆。在【模型】选项卡的"元件"区域单击【组装】按钮 🖳，系统弹出"打开"对话框，选择 liangan.prt，单击【打开】按钮，装入连杆，系统弹出【元件放置】操控板。在"用户定义"下拉列表下选择 ⟦🗖 轴⟧ 连接方式，单击【放置】选项卡，在绘图区选择连杆大端的"A_5"轴与圆盘的"A_6"轴进行"重合"约束，单击【新建约束】按钮，在绘图区选择连杆大端的下表面与圆盘的上表面进行"重合"约束，如图 3-2-8 所示。但此时连杆的小端伸进了主体中，装配结果不符合实际要求，此时我们可以打开放置操纵面板上的【移动】选项卡，选择"旋转"的运动方式，选择 A_6 轴作为运动参照，左键单击连杆小端后往外旋出，单击左键确认位置，如图 3-2-9、图 3-2-10 所示，单击 ✓ 完成圆盘零件的装配。

表 3-2-2   连杆与圆盘的销钉连接

约束类型	元 件	组 件	偏 移
轴对齐	A_5 轴	A_6 轴	重合
平移	连杆大端下表面	圆盘上表面	重合

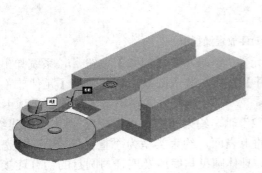

图 3-2-8   连杆装配

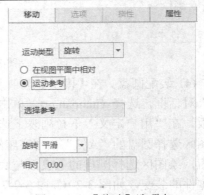

图 3-2-9   【移动】选项卡

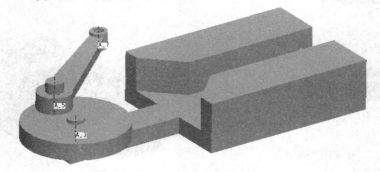

图 3-2-10   移动调整连杆位置

(6) 装配滑块。在【模型】选项卡的"元件"区域单击【组装】按钮，系统弹出"打开"对话框，选择 liangan.prt，单击【打开】按钮，装入滑块，系统弹出【元件放置】操控板。在"用户定义"下拉列表下选择 销 连接方式，单击【放置】选项卡，在绘图区滑块零件的"A_2"轴与连杆的"A_7"轴进行"重合"约束，单击【新建约束】按钮，绘图区选择滑块槽的内表面与连杆小端的上表面进行"重合"约束，接着单击放置菜单中的【新建集】按钮，在"用户定义"下拉列表中选择新的约束条件类型为 平面 ，选择滑块的侧面与底座槽的侧面重合，单击 ✓ 完成滑块的装配，如图 3-2-11、图 3-2-12、图 3-2-13 所示。

图 3-2-11　销钉连接

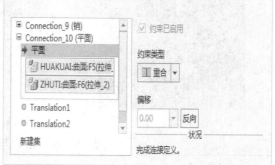

图 3-2-12　平面连接

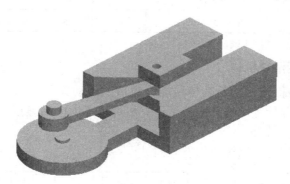

图 3-2-13　滑块零件的组装

滑块与连杆的销钉连接方式及滑块与底座的平面连接方式见表 3-2-3、表 3-2-4 所示。

表 3-2-3　滑块与连杆的销钉连接

约束类型	元 件	组 件	偏 移
轴对齐	A_2 轴	A_7 轴	重合
平移	滑块内侧上表面	连杆小端上表面	重合

表 3-2-4　滑块与底座的平面连接

约束类型	元 件	组 件	偏 移
平面	滑块侧面	底座槽内侧面	重合

(7) 装配销钉。在【模型】选项卡的"元件"区域单击【组装】按钮，系统弹出"打

开"对话框，选择 xiaoding.prt，单击【打开】按钮，装入 xiaoding，系统弹出【元件放置】操控板。在"用户定义"下拉列表下选择 连接方式，单击【放置】选项卡，在绘图区选择销钉零件的"A_2"轴与滑块的"A_2"轴进行"重合"约束，单击【新建约束】按钮，选择销钉的上表面与滑块的上表面进行"重合"约束，单击 ✓ 按钮完成销钉的装配，如图 3-2-14、图 3-2-15 所示。销钉与滑块的销钉连接方式见表 3-2-5 所示。

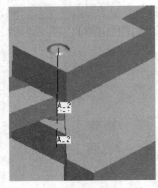

图 3-2-14　销钉

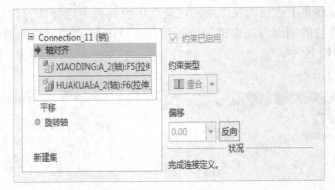

图 3-2-15　销钉连接设置

表 3-2-5　销钉与滑块的销钉连接

约束类型	元　件	组　件	偏　移
轴对齐	A_2 轴	A_2 轴	重合
平移	销钉上表面	滑块上表面	重合

(8) 保存装配体至工作目录。

2. 仿真分析曲柄滑块机构

CREO4.0 包含的机构运动仿真模块能够对按照运动关系正确装配的组件进行模拟仿真、检测干涉、参数分析等操作，实现了计算机环境下的产品虚拟检测和分析，便于后期的优化和修改。

机构运动仿真的创建可以按照如下流程进行：

(1) 打开上一步中装配好的运动模型，在 应用程序 选项卡中的"运动"区域点击 机构 按钮，进入机构运动仿真环境，如图 3-2-16 所示。

图 3-2-16　机构仿真环境界面

(2) 在【机构】选项卡的"插入"区域单击 伺服电动机 按钮，选择圆盘与底座零件装配时产生的销钉连接运动轴，单击【轮廓详细信息】选项卡，设置参数如图 3-2-17、图 3-2-18 所示。

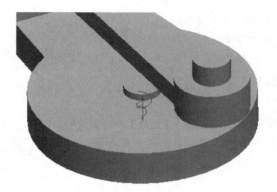

图 3-2-17　伺服电动机的设置　　　　　　　　图 3-2-18　伺服电动机

（3）单击【机构分析】按钮 ✕，修改参数如图 3-2-19 所示，单击【运行】→【确定】，即可看到曲柄滑块机构的仿真运动模拟。

图 3-2-19　分析定义工具栏

(4) 单击【回放】按钮◀▶，选择需要回放的分析结果集，如图 3-2-20 所示。单击◀▶，进入【动画】控制面板，单击【捕获】按钮以输出动画，如图 3-2-21、图 3-2-22 所示。

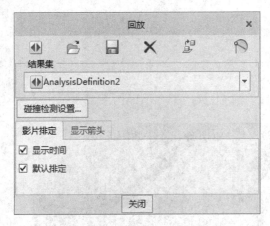

图 3-2-20　【回放】控制面板

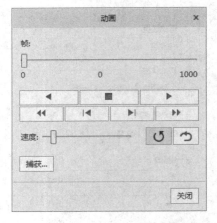

图 3-2-21　【动画】控制面板

图 3-2-22　【动画输出】控制面板

(5) 机构环境可以实时测量仿真运动过程中的参数变化，本处以测量滑块的滑动速度与时间之间的关系为例。单击【测量】按钮，出现如图 3-2-23 所示【测量】控制面板。单击【新建】按钮新建一个物理量命名为 speed，选择类型为速度，选择滑块上平面连接图标上的滑动运动轴，单击【确定】按钮，如图 3-2-24、图 3-2-25 所示。

图 3-2-23　【测量】控制面板　　　　图 3-2-24　【测量】定义面板

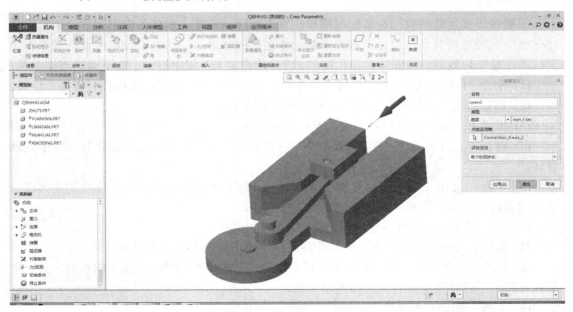

图 3-2-25　选择平面连接运动轴

(6) 回到【测量】控制面板后单击要与定义的速度关联的结果集，软件系统即可计算出实时的速度大小，如图 3-2-26 所示。单击左上角的 ⊠ 按钮，可以绘出速度与时间的关系图，在此图中可查出任意时间的速度值。如图 3-2-27 所示。

图 3-2-26　实时速度显示

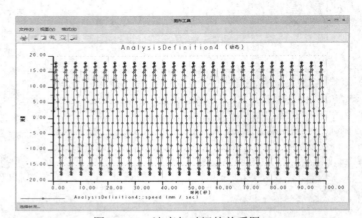

图 3-2-27　速度与时间的关系图

四、任务拓展

需要做仿真运动的机构在装配时需要注意添加运动连接，本任务中用到了"销钉"和"平面"两类连接关系。设计者需要了解元件之间的相对运动状态以及机械设计理论在定义运动中是如何放置约束和确定自由度的。在"用户定义"集中提供了如下运动连接关系：

(1) 刚性：自由度为 0，刚性连接成的零件构成单一主体，一般定义机架时需要此连接。

(2) 销钉：为 1 个旋转自由度，允许沿指定轴旋转。

(3) 滑动杆：为一个平移自由度，允许沿轴平移。

(4) 圆柱：为 1 个旋转自由度和 1 个平移自由度，允许沿指定轴平移并且相对于该轴旋转。

(5) 平面：为 1 个旋转自由度和 2 个平移自由度，允许通过平面接头连接的主体在一个平面内相对运动，沿相对垂直于该平面的轴旋转。

(6) 球：有 3 个旋转自由度，但是没有平移自由度。

(7) 焊接：自由度为 0，将两个零件粘接在一起，须定义坐标系对齐。

(8) 轴承：3 个旋转自由度和 1 个平移自由度，是球接头和滑动杆接头的组合，允许接头在连接点沿任意方向旋转，沿指定轴平移。

(9) 常规：创建有两个约束的用户定义集。

(10) 6DOF：允许沿三根轴平移同时绕其旋转。

(11) 槽：包含 1 个点对齐约束，允许沿一条非直线轨迹旋转。

五、思考练习

修改本任务中的电机初始速度为 0，加速度为 1，试分析在 100S 内滑块速度与时间的关系，并分析 100s 内滑块速度与圆盘速度的关系。

任务 3　装配并分解箱体组件

一、任务描述

箱体类的传动机构主要包括变速箱、减速器等，如图 3-3-1 所示。箱体类组件包括轴、轴承、各种齿轮、键等零件。本任务将通过对箱体类零件的组装，介绍复杂装配体的装配过程，并介绍分解动画的制作方法。

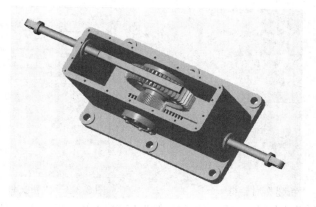

图 3-3-1　箱体零件的组装模型

二、知识链接

分解或装配动画在 Creo 中常使用关键帧动画来完成。Creo 软件专门提供了一个动画模块来帮助设计者设计演示动画，在装配完毕需要制作分解或装配动画的对象后，可以通过单击【应用程序】→【动画】按钮进入动画模块。在动画制作前，需要了解一下有关动画的几个关键术语：

(1) 主体(body)：装配中没有相对运动的零件或子装配体组合。一个零件可以有多个零件或子装配体。

(2) 关键帧(keyframes)：即在动画过程中起到重要位置指示作用的快照(snapshot)。在关键帧序列中，通过相邻的关键帧之间进行差值计算可以找到过渡帧。

(3) 回放(playback)：制作完成的动画进行重复播放。

(4) 主体锁定：(body-body lock)：在拖动过程中维持相对固定的多个主体的约束关系，这时它们的行为和一个主体是一样的。

三、任务实施

(一) 箱体类零件的装配

由于箱体类零件比较多，逐个装配会造成装配困难，因此本任务先将箱体中的轴系零件进行装配，组成轴系子装配体，再将轴系子装配体与箱体进行总装配。

1．创建轴系子装配

(1) 新建装配文件。单击【文件】→【新建】命令，在弹出的新建对话框中选中"装配"类型，子类型选择"设计"，修改组件名称为 zhouxi，去除□ 使用默认模板 勾选框里的对钩，在出现的新文件对话框中选择 mmns_asm_desing 模板，单击【确定】，进入装配环境。如图 3-3-2、图 3-3-3 所示。

图 3-3-2 "新建"对话框

图 3-3-3 "新文件选项"对话框

(2) 装配轴。在【模型】选项卡的"元件"区域单击【组装】按钮，系统弹出"打开"对话框，选择 gear-shaft.prt，单击【打开】按钮，系统弹出【元件放置】操控板，选择 旦 默认 ，单击操控板上的 ✔ 按钮，完成轴的装配，如图 3-3-4、图 3-3-5 所示。

图 3-3-4 【元件放置】操控板

图 3-3-5 轴的装配

(3) 装配小平键。在【模型】选项卡的"元件"区域单击【组装】按钮🖳，系统弹出"打开"对话框，选择 key-energetic.prt，单击【打开】按钮，装入小平键。单击操控板中的【放置】选项卡，选择在绘图区点选小平键的底面与键槽底面，"约束类型"选择 ▥ 重合 ▾，完成第一个约束设置。点击【新建约束】按钮，在绘图区选择小平键的侧面与键槽侧面，"约束类型"选择 ▥ 重合 ▾，完成第二个约束设置。点击【新建约束】按钮，在绘图区点小平键的圆弧面与键槽的圆弧面，"约束类型"选择 ▥ 重合 ▾ 完成第三个约束设置，单击 ✓ 按钮，完成小平键的装配，如图 3-3-6、图 3-3-7 所示。

 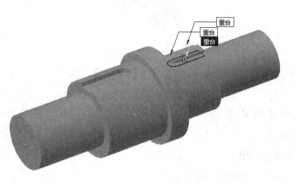

图 3-3-6　装配约束关系　　　　　　　　　图 3-3-7　小平键的装配

(4) 装配小齿轮。在【模型】选项卡的"元件"区域单击【组装】按钮🖳，系统弹出"打开"对话框，选择 energetic-gear.prt，单击【打开】按钮，装入小齿轮。单击操控板中的【放置】选项卡，在绘图区点选轴环的左端面与小齿轮右端面，"约束类型"选择 ▥ 重合 ▾ 重合，完成第一个约束设置。单击【新建约束】按钮，在绘图区选择小平键的侧面与齿轮键槽侧面，"约束类型"选择 ▥ 重合 ▾，完成第二个约束设置。点击【新建约束】按钮，在绘图区点选小端第二轴段外圆弧面与齿轮轴孔内圆弧面，"约束类型"选择 ▥ 重合 ▾ 完成第三个约束设置，单击 ✓ 按钮，完成小齿轮的装配，如图 3-3-8、图 3-3-9 所示。

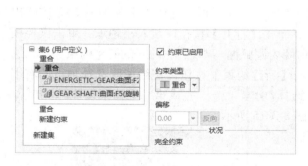 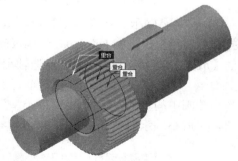

图 3-3-8　装配约束关系　　　　　　　　　图 3-3-9　小齿轮的装配

(5) 装配大平键。参照上述步骤(3)的安装方法，完成大平键 key-passive.prt 的安装，如图 3-3-10 所示。

(6) 装配大齿轮。参照上述步骤(4)的安装方法，完成大齿轮 key-passive.prt 的安装，如图 3-3-11 所示。

图 3-3-10　大平键的装配

图 3-3-11　大齿轮的装配

(7) 安装小挡圈。在【模型】选项卡的"元件"区域单击【组装】按钮 ，系统弹出"打开"对话框，选择 shaft-bush-01.prt，单击【打开】按钮，装入小挡圈。单击操控板中的【放置】选项卡，在绘图区点选挡圈右侧小端面与小齿轮左端面，"约束类型"选择 重合，完成第一个约束设置。点击【新建约束】按钮，在绘图区选择小挡圈的内圆弧面与轴的外圆弧面，"约束类型"选择 重合，完成第二个约束设置。单击 按钮，完成小挡圈的装配，如图 3-1-12、3-1-13 所示。

图 3-3-12　装配约束关系

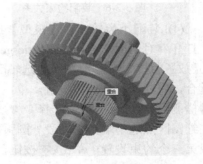
图 3-3-13　小挡圈的装配

(8) 安装小轴承。在【模型】选项卡的"元件"区域单击【组装】按钮 ，系统弹出"打开"对话框，选择 ball-bearing-01.asm，单击【打开】按钮，装入小轴承。单击操控板中的【放置】选项卡，在绘图区点选轴承内圈内圆弧面与小挡圈外圆弧面，"约束类型"选择 重合，完成第一个约束设置。点击【新建约束】按钮，在绘图区选择轴承的右端面与小挡圈中间段的左端面，"约束类型"选择 重合，完成第二个约束设置。单击 按钮，完成小轴承的装配，如图 3-3-14、图 3-3-15 所示。

图 3-3-14　轴承内圈与挡圈外圈重合约束

图 3-3-15　装配大齿轮

（9）安装大挡圈和大轴承。参照上述过程(7)、(8)完成大挡圈和大轴承零件的装配，如图 3-3-16、图 3-3-17 所示。

图 3-3-16　装配大挡圈

图 3-3-17　装配大轴承

（10）保存模型文件件至工作目录。

2．创建齿轮箱总装配

（1）新建装配文件。单击【文件】→【新建】命令，在弹出的新建对话框中选中"装配"类型，子类型选择"设计"，修改组件名称为 xiangti，去除□ 使用默认模板 勾选框里的对勾，在出现的新文件对话框中选择 mmns_asm_desing 模板，单击【确定】进入装配环境。

（2）装配箱体。在【模型】选项卡的"元件"区域单击【组装】按钮，系统弹出"打开"对话框，选择 transmission-box.prt，单击【打开】按钮，系统弹出【元件放置】操控板，选择 ，单击操控板上的 按钮，完成箱体的装配，如图 3-3-18 所示。

图 3-3-18　箱体的装配

（3）在箱体上装配轴系子装配体。在【模型】选项卡的"元件"区域单击【组装】按钮，系统弹出"打开"对话框，选择 zhou.asm，单击【打开】按钮，装入轴系装配体。单击操控板中的【放置】选项卡，选择在绘图区点选小轴承外圈外圆弧面与箱体左侧小轴孔内圆弧面，"约束类型"选择 重合，完成第一个约束设置。点击【新建约束】按钮，在绘图区选择小挡圈的右端面与箱体内小轴孔的端面，"约束类型"选择 ，完成第二个约束设置。单击 按钮，完成小轴承的装配，如图 3-3-19、图 3-3-20 所示。

图 3-3-19　挡圈右端面与箱体轴孔右端面重合图

图 3-3-20　装配好的轴系子装配体

（4）装配上齿条。在【模型】选项卡的"元件"区域单击【组装】按钮，系统弹出

"打开"对话框,选择 slider-rack-rod.prt,单击【打开】按钮,装入齿条。单击操控板中的【放置】选项卡,在绘图区点选齿条柄部圆柱面与箱体孔内圆弧面,"约束类型"选择 ▮▮ 重合 ▾ ,完成第一个约束设置。单击【新建约束】按钮,绘图区选择齿条上部平面与箱体上部平面,"约束类型"选择 ▮▮ 平行 ,完成第二个约束设置。单击【新建约束】按钮,在绘图区选择齿条挡圈右端面与箱体齿条孔左端面,"约束类型"选择 ▮ 距离 ,偏移值输入 60,完成第三个约束设置,单击 ✓ 按钮,完成齿条的装配,如图 3-3-21、图 3-3-22、图 3-3-23 所示。

图 3-3-21   平行约束关系   图 3-3-22   距离约束关系

图 3-3-23   装配齿条

(5) 参照上一个步骤完成另一齿条的装配,如图 3-3-24 所示。

图 3-3-24   装配另一个齿条

(6) 装配轴承端盖。在【模型】选项卡的"元件"区域单击【组装】按钮 🔧,系统弹出"打开"对话框,选择 end-cover-bolt-01.prt,单击【打开】按钮,装入轴承端盖。单击操控板中的【放置】选项卡,在绘图区点端盖小圆柱面与箱体孔内圆柱面,"约束类型"

选择 Ⅱ重合 ▼，完成第一个约束设置。单击【新建约束】按钮，在绘图区选择端盖螺栓孔内圆柱面与箱体螺栓孔内圆柱面，"约束类型"选择 Ⅱ重合 ▼，完成第二个约束设置。点击【新建约束】按钮，绘图区选择端盖大端右端面与轴孔左端面，"约束类型"选择 Ⅱ重合 ▼，完成第三个约束设置单击 ✓ 按钮，完成轴承端盖的装配，如图 3-3-25 所示。

(7) 装配并阵列螺栓。通过螺栓圆柱面与螺栓孔重合，以螺栓端面与端盖沉孔重合的形式安装螺栓。在模型树中选中螺栓元件，在【模型】选项卡的"修饰符"区域选择 ⊞ 阵列 命令。在【阵列】操控板的阵列类型中选择"轴"，在选取模型中的 A_1 轴，阵列数量输入"6"，在增量栏输入角度增量"60"，单击 ✓ 按钮完成阵列，如图 3-3-26、图 3-3-27、图 3-3-28、图 3-3-29 所示。

图 3-3-25　装配轴承端盖

图 3-3-26　装配一个螺栓

图 3-3-27　【阵列】操控板

图 3-3-28　选中螺栓零件

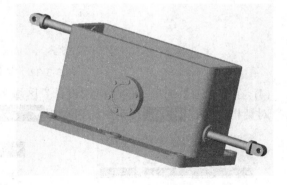

图 3-3-29　阵列完成

(8) 按上述方法，完成另外一侧轴承端盖和螺栓的装配。

(9) 保存装配组件至工作目录。

（二）制作箱体零件的分解动画

接下来通过 Creo 的动画模块来完成产品的分解动画。在制作分解动画之前，首先要删除刚才给元件添加的所有约束关系，以保证动画动作的独立性。

(1) 在【应用程序】选项卡的"运动"区域单击 🎥 动画 按钮，系统弹出【动画】操控板，如图 3-3-30 所示。

图 3-3-30 【动画】操控板

(2) 单击操控板上的【新建动画】按钮 ，在下拉菜单中选择"快照"命令，如图 3-3-31 所示。

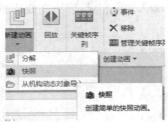

图 3-3-31 创建快照动画

(3) 单击操控板"机构设计"区域的 主体定义 按钮，系统弹出"主体"对话框，单击【每个主体一个零件】按钮，即可将装配体中的每个零件自动添加主体，如图 3-3-32 所示。

图 3-3-32 定义主体

(4) 在【动画】选项卡的"机构设计"区域单击【拖动元件】按钮 ，系统弹出"拖动"对话框，单击 ▼ 快照 按钮后，再单击 ▼ 高级拖动选项 ，如图 3-3-33、图 3-3-34 所示。

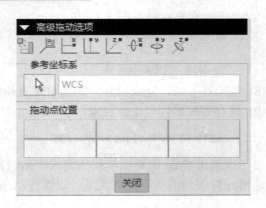

图 3-3-33 "拖动"对话框   图 3-3-34 高级拖动选项

(5) 单击 📷 按钮，对分解之前的状态拍照，如图 3-3-35、图 3-3-36 所示。

图 3-3-35   拍下初始快照   图 3-3-36   初始状态

(6) 在打开的"高级拖动选项"中，点击 📷Z，在绘图区中，点击箱体，沿 Z 向平移至合适的距离，单击 📷 按钮，给模型组拍照即可完成拖动元件的快照命令，如图 3-3-37、图 3-3-38 所示。

图 3-3-37   拖动箱体零件   图 3-3-38   拖动后拍下快照

(7) 参照上述方法，将零件一个一个拖动到合适的位置，每拖动一个零件即拍一张快照。如图 3-3-39、图 3-3-40 所示。

图 3-3-39   拖动所有零件到合适位置   图 3-3-40   为所有分解状态拍下快照

(8) 单击  按钮，在"关键帧"下拉列表中选择"Snapshot1"，单击 ➕ 按钮将其添加到关键帧序列中，同理，按顺序将其他快照添加到关键帧序列中，将"插值"类型改为平滑，单击【确定】按钮即可生成关键帧序列，如图 3-3-41 所示。

(9) 单击动画轴上方的【创建动画】按钮 ▶️，即可按照关键帧序列生成箱体组件的分解动画。

(10) 单击【动画】选项卡中的【回放】按钮 ◀▶，系统弹出"回放"对话框，如图 3-3-42 所示。

图 3-3-41　生成关键帧序列　　　　　　图 3-3-42　"回放"对话框

(11) 单击"回放"对话框的【播放当前结果集】按钮 ◀▶ 后，系统弹出"动画播放"控制条，即可完成回放命令，如图 3-3-43 所示。

图 3-3-43　"动画播放"控制条

(12) 单击 💾 按钮，系统弹出"捕获"对话框，单击【浏览】按钮选择要保存的位置，接受默认视频参数，单击【确定】按钮即可完成保存动画命令，如图 3-3-44 所示。

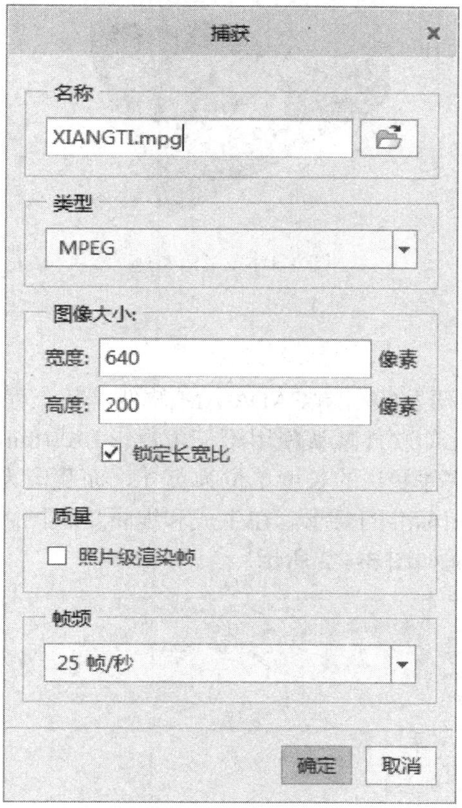

图 3-3-44 "捕获"对话框

四、任务拓展

在上述生成分解动画的操作过程中，如果在第 8 步中添加完毕所有关键帧后，全选所有的关键帧，然后单击【反转】按钮，单击确定即可生成装配动画。

五、思考练习

完成任务 1 中的传动机构的分解动画与装配动画。

任务 4 绘制三角基座工程图

一、任务描述

本任务通过生成三角基座零件工程图实例来介绍 Creo 环境下的零件图绘制过程、尺寸要求注写和编辑处理方法，然后辅以一定的练习帮助读者掌握工程图的生成过程，三角基座如图 3-4-1 所示。

图 3-4-1　三角基座

二、知识链接

Creo 是美国 PTC 公司研发的高端 CAD/CAM 软件，其工程图的很多默认参数并不符合我国的一些国家标准，比如软件默认使用第三角投影方式(third_angle)，而我国采用第一角投影方式(first_angle)；软件默认的长度单位为英寸，而我国为毫米，因此，为了使 Creo 生成的工程图符合中国制图标准的要求，在生成和编辑工程图之前，必须对工程图的一些参数进行修改，工程图界面如图 3-4-2 所示。

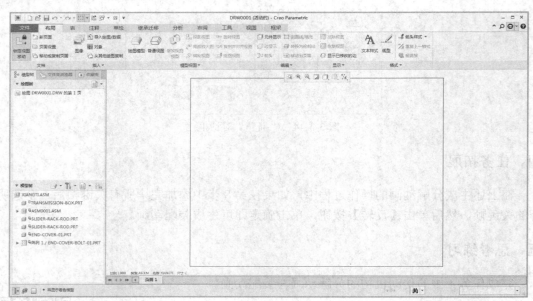

图 3-4-2　工程图界面

1. 工程图环境中的菜单简介如下：

(1) 【布局】选项区域中的命令主要用来设置绘图模型、模型视图的放置，以及视图的显示等，如图 3-4-3 所示。

图 3-4-3　【布局】选项区域

（2）【表】选项区域中的命令主要用来创建、编辑表格等，如图 3-4-4 所示。

图 3-4-4　【表】选项区域

（3）【注释】选项区域中的命令主要用来添加尺寸及文本注释等，如图 3-4-5 所示。

图 3-4-5　【注释】选项区域

（4）【草绘】选项区域中的命令主要用来在工程图中绘制及编辑所需要的视图等，如图 3-4-6 所示。

图 3-4-6　【草绘】选项区域

（5）【继承迁移】选项区域中的命令主要用来对所创建的工程图进行转换、创建匹配符号等，如图 3-4-7 所示。

图 3-4-7　【继承迁移】选项区域

（6）【分析】选项区域中的命令主要用来对所创建的工程图视图进行测量、检验几何等，如图 3-4-8 所示。

图 3-4-8　【分析】选项区域

（7）【审阅】选项区域中的命令主要用来对所创建的工程图视图进行更新、比较等，如图 3-4-9 所示。

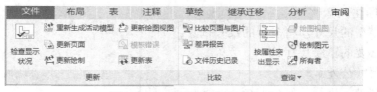

图 3-4-9　【审阅】选项区域

(8) 【工具】选项区域中的命令主要用来对所创建的工程图进行调查、参数化操作等，如图 3-4-10 所示。

图 3-4-10　【工具】选项区域

(9) 【视图】选项区域中的命令主要用来对所创建的工程图进行可见性、模型显示等操作，如图 3-4-11 所示。

图 3-4-11　【视图】选项区域

(10) 【框架】选项区域中的命令主要用来辅助创建视图、尺寸和表格等，如图 3-4-12 所示。

图 3-4-12　【框架】选项区域

2. 创建工程图的一般过程

(1) 通过新建一个工程图文件，进入工程图模块环境。

① 选择【新建文件】命令或按钮。

② 选择"绘图"(即工程图)文件类型。

③ 输入文件名称，选择工程图模型及工程图图框格式或模板。

(2) 创建视图。

① 添加主视图。

② 添加主视图的投影视图(左视图、右视图、俯视图和仰视图等)。

③ 如有必要可添加详细的视图(放大图)和辅助视图等。

④ 利用视图移动命令，调整视图的位置。

⑤ 设置视图的显示模式，如视图中不可见的孔，可进行消隐或用虚线显示。

(3) 尺寸标注。

① 显示模型的尺寸，将多余的尺寸拭除。

② 添加必要的草绘尺寸。

③ 添加尺寸公差。

④ 创建基准，进行几何公差标注，标注表面粗糙度。

三、任务实施

(1) 单击【文件】→【新建】命令，在弹出的【新建】菜单中，选择类型为"绘图"，给工程图修改名称，去除"使用默认模板"前的勾，如图 3-4-13 所示。在"新建绘图"对话框中，单击【浏览】找到需要生成工程图的零件 sanjiaojizuo3.prt，单击【打开】按钮，选择图纸方向为横向，图纸大小为 A3，单击【确定】，如图 3-4-14 所示，进入工程图环境。

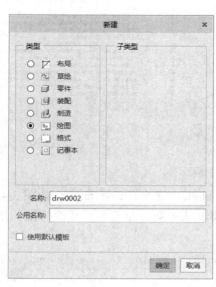

图 3-4-13　"新建"对话框　　　　　　　　　图 3-4-14　"新建绘图"对话框

(2) 此步骤非常关键，主要内容是通过编辑绘图选项，修改所需要的工程图参数。单击【文件】→【准备】→【绘图属性】按钮，如图 3-4-15 所示。弹出"绘图属性"对话框，单击"详细信息选项"中的【更改】按钮，打开"选项"对话框，在对话框中修改选项的值，如图 3-4-16 所示。

图 3-4-15　进入"绘图属性"对话框

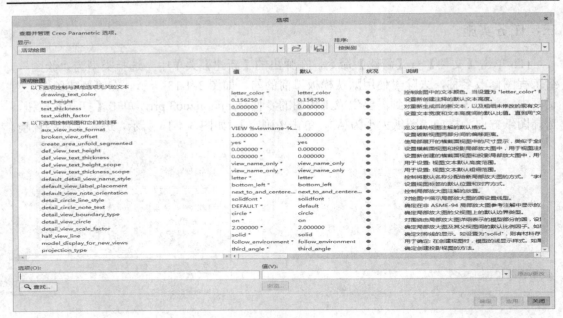

图 3-4-16　"选项"对话框

① 找到 projection_type 选项，其默认值为 third_angle，修改为 first_angle，如图 3-4-17 所示。单击【添加/更改】→【应用】→【确定】，将默认的第三角投影方式改为第一角投影方式。

图 3-4-17　将第三角视图改为第一角视图

② 找到 drawing_units 选项，其原值为 inch，修改为 mm，点击【添加/更改】→【应用】→【确定】，如图 3-4-18 所示。这一选项用于设置工程图的单位，默认单位为英寸，此处我们把默认长度单位改为毫米以符合中国制图标准。

图 3-4-18　将绘图单位修改为毫米

③ 找到 drawing_text_height，可修改文本高度，单击【添加/更改】→【应用】→【确定】。

其他选项修改读者可根据需要自行完成。

(3) 创建普通视图，具体步骤如下：

① 单击【布局】选项卡"模型视图"区域的【普通视图】按钮 ，或者在绘图区单击鼠标右键，选择【普通视图】命令，系统弹出"选择组合状态"对话框，选择"无组合状态"，单击【确定】按钮。在系统左下方提示 选择绘图视图的中心点。 ，在绘图区选取合适的位置单击鼠标左键放置视图。绘图区出现零件的轴测图，并弹出"绘图视图"对话框，如图 3-4-19 所示。

图 3-4-19　"绘图视图"对话框

　　② 在"视图方向"选项组中，选择定向方向为"查看来自模型的名称"，这里在"模型视图名"下拉列表下，选择 Top 选项，单击【确定】按钮，关闭对话框，放正零件。在比例选项中，调整图纸比例为自定义比例 0.01，如图 3-4-20、图 3-4-21 所示。

　　(4) 创建投影视图。单击【布局】选项卡，单击"模型视图"区域中的 投影视图 按钮，单击图 3-4-21 视图，拖动至合适的位置，单击鼠标左键生成投影视图。单击工具栏下方的 隐藏线 将模型显示模式改为隐藏线。如果视图位置不符合要求，可左键单击视图选中，再次单击鼠标右键，如图 3-4-22 所示。选择 锁定视图移动 取消视图锁定，即可拖动视图在绘图区移动。

图 3-4-20　几何参照定位

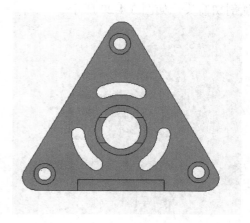

图 3-4-21　视图定位

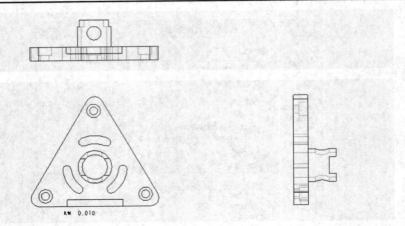

图 3-4-22　用隐藏线方式显示的模型

（5）创建旋转剖视图。

① 双击主视图，弹出"绘图视图"对话框，在"类别"列表框中选择"截面"，在"截面选项"选项组中选择"2D 横截面"，单击【将横截面添加到视图】按钮 ＋ ，在"名称"下拉列表中选择【新建】，系统弹出【横截面创建】菜单，如图 3-4-23 所示。选择"偏移"、"双侧"、"单一"、"完成"，如图 3-4-24 所示。系统弹出"输入截面名称"信息输入框，输入截面名称为"C"，单击 ✓ 按钮。此时系统弹出【设置草绘平面】菜单，如图 3-4-25 所示。同时系统自动转到三维活动窗口中。在弹出的三维活动窗口中，选择"Top"平面作为草绘平面，在弹出的【方向】菜单中，选择"确定"选项，如图 3-4-26 所示。在【草绘视图】菜单中选择"默认"选项，如图 3-4-27 所示。

② 进入三维活动窗口，单击【视图】菜单，选择"草绘视图"，切换视图到草绘平面，单击三维活动窗口中的【草绘】菜单，选择"线"，绘制草绘截面，如图 3-4-28 所示。单击【草绘】菜单下的【完成】按钮，结束剖切截面的创建，系统自动回到"绘图视图"对话框，单击【确定】按钮。系统完成主视图旋转剖视图的创建。选择剖视图，右单击鼠标，选择"添加箭头"选项，系统提示➡给箭头选出一个截面在其处垂直的视图。，选择俯视图，系统自动添加剖切箭头，如图 3-4-29 所示。

图 3-4-23　"绘图视图"对话框　　　　图 3-4-24　横截面创建　　图 3-4-25　设置草绘平面

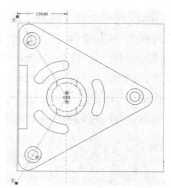

图 3-4-26　【方向】菜单　　图 3-4-27　　【草绘视图】菜单　　　图 3-4-28　绘制剖切截面

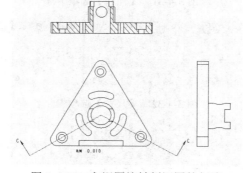

图 3-4-29　主视图旋转剖视图的创建

(6) 创建全剖视图。双击左视图，弹出"绘图视图"对话框，在"类别"列表框中选择"截面"，在"截面选项"选项组中选择"2D 横截面"，单击【将横截面添加到视图】按钮 ➕，在"名称"下拉列表中选择【新建】，系统弹出【横截面创建】菜单，如图 3-4-23 所示。选择"平面"、"单一"、"完成"，如图 3-4-24 所示。系统弹出"输入截面名称"信息输入框，输入截面名称为"D"，单击 ✓ 按钮。此时系统弹出【设置草绘平面】菜单，如图 3-4-25 所示，单击绘图工具栏的【基准显示过滤器】按钮 ，显示基准平面，在主视图中选择"Right"平面，单击【确定】按钮，系统创建全剖视图，选择该视图，右单击鼠标，选择"添加箭头"选项，系统提示 ➡给箭头选出一个截面在其处垂直的视图。，选择俯视图，系统自动添加剖切箭头，如图 3-4-30 所示。

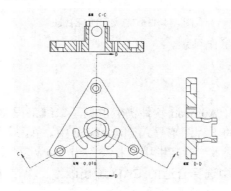

图 3-4-30　左视图创建全剖视图

(7) 标注尺寸。在【注释】选项卡的"注释"区域中点击【尺寸】按钮▢，如图 3-4-31 所示。直接点击需要标注的图元即可自动进行标注，如果需要标注两个图元之间的尺寸，鼠标选择一个图元，按住"Ctrl"键选择另外一个图元，即可标注两个图元间的直线尺寸或者角度等。双击已经标注好的尺寸，会弹出【尺寸】选项卡，这里可以方便地对尺寸进行多种形式的修改，见图 3-4-32。Creo4.0 版本注释选项卡可方便地对公差、表面粗糙度进行标注与修改，请有兴趣的读者自行进行学习。完成好的三视图如图 3-4-33 所示。

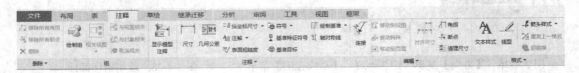

图 3-4-31 【注释】选项卡

图 3-4-32 【尺寸】选项卡

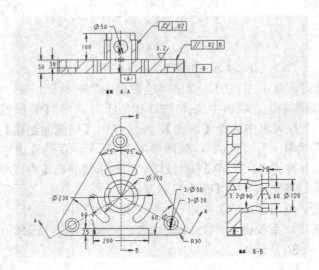

图 3-4-33 完成好的三视图

(8) 保存工程图文件至工作目录。

四、任务拓展

在现今企业生产实践中，Autocad 软件仍然占据了二维工程图绘制领域的主要市场，我们可以方便地将 Creo 绘制的工程图形导入到 Autocad 中。单击【文件】→【另存为】→【保存副本】，在弹出的"保存副本"对话框中选择类型为"DWG(*.dwg)"，输入新建名称，确定，在【DWG 输出】菜单中选择合适的 CAD 输出版本，单击【确定】，将图形保存至工作目录，如图 3-4-34、图 3-4-35 所示。

图 3-4-34　保存副本界面　　　　　　图 3-4-35　导出环境

这时我们打开工作目录，双击保存好的 sanjiaojizuo.dwg，用 Autocad 软件打开工程图，如图 3-3-36 所示。大家可以对尺寸、技术要求、各种符号进行修改与重新进行标注，以便其更符合制图的国家标准。在 Autocad 软件中如何标注尺寸与注写技术要求本书不再赘述，此处仅强调一点：尺寸标注需注意工程图输出的比例。如在此例中，我们在 Creo 中定制生成的工程图的比例为 1:100。

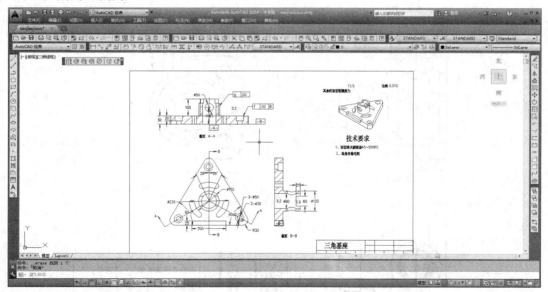

图 3-4-36　用 Autocad 打开的 Creo 输出的工程图

因此当该图样导出到 Autocad 软件打开后，其视图比例也是 1:100，Autocad 软件的标注工具测出的数据也是缩小到 1:100 的尺寸数字，我国制图国家标准明确指出，在标注零件图尺寸时尺寸数字应按照 1:1 标注，尺寸数字标写与比例无关，所以在用 Autocad 标注尺寸时应把测到的尺寸放大 100 倍后进行注写，我们可以把"尺寸标注样式"对话框的主单位选项卡中的测量比例因子修改为 100，这样就可以在 CAD 中标注出真实尺寸，如图 3-4-37 所示。

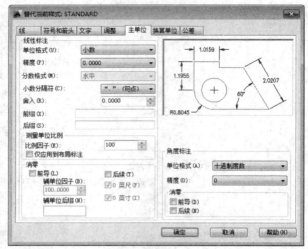

图 3-4-37　修改 Autocad 软件的测量比例因子

五、思考练习

完成给定零件的工程图，如图 3-4-38 所示。

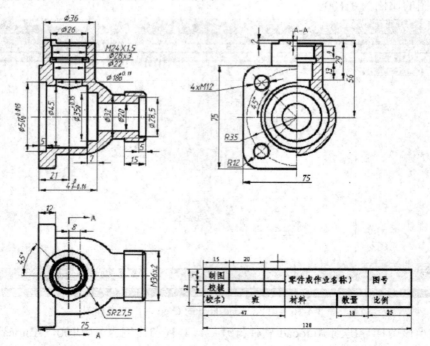

图 3-4-38　练习零件工程图

项目 4　计算机辅助制造

数控加工是机械加工中最常用的加工方法之一，Creo 4.0 为此提供了功能强大的自动编程加工模块——Creo/NC。这一模块主要包括各类铣削、车削、线切割等自动编程加工的实现命令。使用这些命令可以完成平面、曲面、轮廓、槽和孔系等的加工。本项目从简单的案例入手，介绍各种数控自动编程加工的方法。

任务 1　绘制加工二维图形

一、任务描述

平面类零件是较为简单的平面二维图形，本例中将对平面零件进行铣削加工，加工过程中主要讲到的加工方法有端面铣削加工、孔加工和轮廓铣削加工。本例中加工的平板零件如图 4-1-1 所示，该零件的结构比较简单，主要加工上表面、外轮廓面和四个孔。

图 4-1-1　平板零件

二、知识链接

平面类零件是指加工面平行或垂直于水平面，以及加工面与水平面的夹角为定角的零件，这类加工面可展开为平面。

1. 常用刀具

用于加工平面的刀具很多，这里只介绍几种在数控机床上常用的铣刀。

(1) 立铣刀：是数控机床上用得最多的一种铣刀，如图 4-1-2 所示。立铣刀的圆柱表面和端面上都有切削刃，它们可同时进行切削，也可单独进行切削。

（2）面铣刀：其圆周表面和端面上都有切削刃，端部切削刃为副切削刃，如图 4-1-3 所示。面铣刀多制成套式镶齿结构，刀齿为高速钢或硬质合金，刀体为 40Cr。

        图 4-1-2   立铣刀   图 4-1-3   面铣刀

（3）定尺寸加工刀具：可用刀具的相应尺寸来保证工件被加工部位的尺寸精度。常用的定尺寸加工刀具有麻花钻、扩孔钻、铰刀等，如图 4-1-4 所示。

图 4-1-4   定尺寸加工刀具

2．常用加工方案

加工平面类零件时主要涉及的加工方案见表 4-1-1。

表 4-1-1   加工表面的加工方案

序号	加工表面	加工方案	所使用的刀具
1	平面	粗铣—精铣	面铣刀或立铣刀
2	平面内外轮廓	粗铣—内外轮廓半精铣—内外轮廓精铣	立铣刀
3	孔	定尺寸刀具加工铣削	麻花钻、扩孔钻、铰刀

3．平板零件加工工艺

平板零件首先加工上表面，然后加工外轮廓表面，最后加工孔。各工步的加工内容、加工方法和所用的刀具如表 4-1-2 所示。

表 4-1-2   工步表

序号	加工内容	加工方法	刀具
1	上表面加工	端面铣削加工	Φ20 圆柱铣刀
2	外形加工	轮廓铣削加工	Φ20 圆柱铣刀
3	钻孔加工	孔加工	Φ15 钻头

三、任务实施

1. 绘制二维图形

(1) 单击【文件】→【新建】命令，将零件名称修改为"1"，去掉"使用默认模板"选项前的钩，单击【确定】，选择"mmns_part_solid"模板，单击【确定】进入零件环境，如图 4-1-5、图 4-1-6 所示。

图 4-1-5　新建零件

图 4-1-6　选择模板

(2) 单击【拉伸特征】按钮，【拉伸】工具条如图 4-1-7 所示。选择 TOP 面为草绘面，使用默认参照，进入草绘环境，绘制如图 4-1-8 所示的草图，单击✔按钮，拉伸高度至 20，得到如图 4-1-9 所示的回转体。

图 4-1-7　【拉伸】工具条

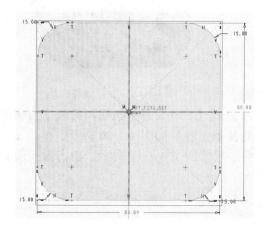

图 4-1-8　拉伸草绘

图 4-1-9　拉伸特征

(3) 单击【孔特征】按钮 🔧，选择孔类型为"直孔"，设置孔直径为 15，深度方式为"穿透" ∄，点击【放置】选项卡，按住 Ctrl 键不放，连续点选两端面，如图 4-1-10 所示。单击 ✔ 按钮，如图 4-1-11 所示。

(4) 单击【孔特征】按钮 🔧，绘制如图 4-1-12 所示的四孔。

(5) 单击选择【文件】→【保存】命令，保存文件并关闭窗口。

图 4-1-10 线性方式放置孔　　　图 4-1-11 直孔特征　　　图 4-1-12 孔特征

2. 自动编程加工图形

(1) 单击【文件】→【新建】→"制造"→"NC 组件"，将零件名称修改为"1"，去掉"使用默认模板"选项前的钩，单击【确定】，选择"mmns_mfg_nc"模板，单击【确定】以进入数控加工环境，如图 4-1-13、图 4-1-14 所示。

(2) 点击【参照模型】按钮 📇，弹出"打开"对话框，选择模型文件 1.prt。单击【确定】按钮后弹出【原件放置】操控板，选择约束类型为"缺省"，从操控板中间位置可知元件完全约束。单击【完成】按钮，加载参照模型，如图 4-1-15 所示。

图 4-1-13 新建零件　　　图 4-1-14 选择模板　　　图 4-1-15 加载参照模型

(3) 单击工具栏工件快捷键 🔧，在下拉菜单中选择【自动工件】按钮，打开【自动工件】操控板，选中【创建矩形工件】按钮 🔲，创建矩形工件，如图 4-1-16 所示。单击【选项】按钮，弹出【选项上滑】面板，设置矩形工件的尺寸如图 4-1-17 所示。单击操控板右侧的【完成】按钮，建立如图 4-1-18 所示的工件。

图 4-1-16 【自动工件】操控板

图 4-1-17　【选项上滑】面板　　　　　　图 4-1-18　创建工件

（4）选择加工坐标系，单击基准工具栏上的【坐标系】按钮 ，打开"坐标系"对话框，先选择工件的左侧面，再按住 Ctrl 键选择工件的前面和上面，如图 4-1-19 所示。切换到"坐标系"对话框中的方向按钮，反转坐标轴方向，最后单击【确定】按钮，在工件上表面的左下角建立一个坐标系 ACS1，如图 4-1-20 所示。

图 4-1-19　选择坐标系参照　　　　　　图 4-1-20　创建坐标系

（5）单击操作设置对话框中的【工作中心】按钮 ，打开"操作设置"对话框，使用默认的机床名称，选择"3 轴"联动数控铣床，如图 4-1-21 所示。单击【确定】按钮返回操作设置对话框。

（6）单击【制造】菜单，在【工艺】选项卡中单击【操作】图标 ，系统弹出"操作设置"对话框，如图 4-1-22。在【间隙】菜单下设置退刀平面，其余接受默认选项，如图 4-1-23 所示。在坐标系选择中选择刚建立的坐标 ACS1，如图 4-1-24 所示。

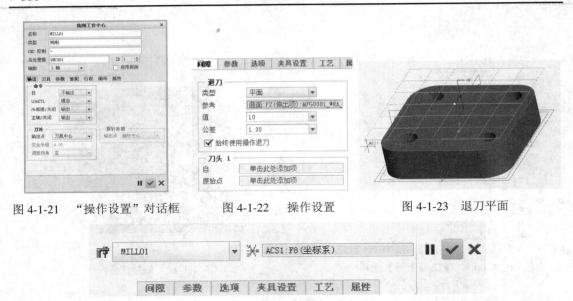

图 4-1-21　"操作设置"对话框　　　图 4-1-22　操作设置　　　图 4-1-23　退刀平面

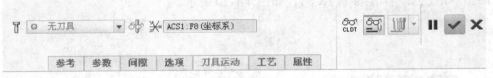

图 4-1-24　选择坐标系

(7) 单击【铣削】菜单，在【铣削】选项中选择【表面铣削】按钮 ，系统弹出"表面铣削"对话框，如图 4-1-25 所示。

图 4-1-25　"表面铣削"对话框

(8) 在【刀具管理器】中选择【编辑刀具】，如图 4-1-26 所示。系统打开"刀具设定"对话框，新建并设置所用刀具，如图 4-1-27 所示。

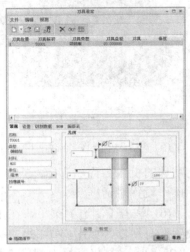

图 4-1-26　编辑刀具　　　　　　　　　　图 4-1-27　"刀具设定"对话框

(9) 单击【参考】选项，选择上平面作为加工表面，如图 4-1-28 所示。单击【参数】

选项，设置切削参数，如图 4-1-29 所示。单击【间隙】选项，设置退刀曲面及距离，如图 4-1-30 所示。

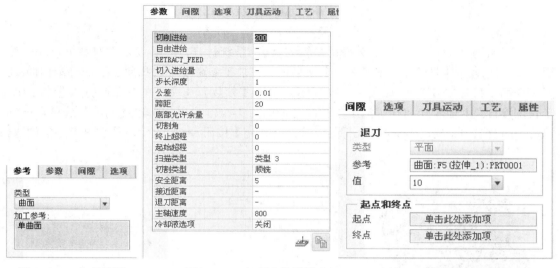

图 4-1-28　参考设置　　　　图 4-1-29　切削参数设置　　　　图 4-1-30　退刀设置

(10) 单击【确定】就完成了平面铣削的加工。在右侧树形工具栏中右键选中【表面铣削】，单击【播放路径】，如图 4-1-31 所示，弹出"播放路径"对话框。

(11) 单击"播放路径"对话框中的　　　▶　　　按钮，系统开始在屏幕上动态演示刀具路径，如图 4-1-32 所示。刀具路径演示完后，单击关闭按钮。

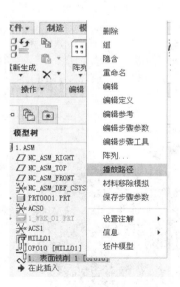

图 4-1-31　"播放路径"对话框

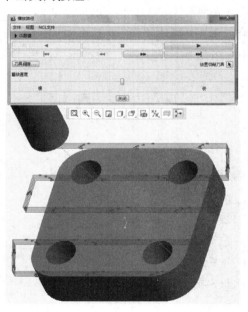

图 4-1-32　刀具路径演示

(12) 单击【铣削】菜单，在【铣削】选项卡中单击【轮廓铣削】按钮 ，系统弹出"轮廓铣削"对话框，如图 4-1-33 所示。

图 4-1-33　"轮廓铣削"对话框

(13) 在【刀具管理器】中选择【编辑刀具】，系统打开"刀具设定"对话框，还是选用上一步所用刀具即可。单击【参考】选项，在"加工参考"中选择要加工的外围曲面(选择多个面要按住 Ctrl 键)，如图 4-1-34 所示。单击【参数】选项，在中设置切削进给 200、步长深度 5、主轴速度 800 等加工参数即可，如图 4-1-35 所示。单击【间隙】选项，设置退刀平面及退刀距离，如图 4-1-36 所示。单击【确定】按钮 ✓，就完成了粗铣轮廓的创建。

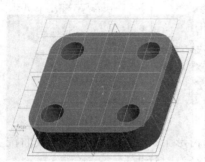

图 4-1-34　轮廓铣削边界　　　图 4-1-35　加工参数设置　　　图 4-1-36　设置退刀间隙

(14) 单击【确定】就完成了底平面铣削的加工。在右侧树形工具栏中右键选中轮廓铣削，单击【播放路径】，如图 4-1-37 所示。

(15) 单击"播放路径"对话框中的 ▸ 按钮。系统开始在屏幕上动态演示刀具路径，如图 4-1-38 所示，刀具路径演示完后，单击【关闭】按钮。

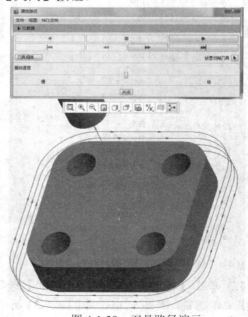

图 4-1-37　"播放路径"对话框　　　　　图 4-1-38　刀具路径演示

(16) 单击【铣削】菜单，在【孔加工循环】选项中选择【标准】按钮 ，系统弹出"钻孔"对话框，如图 4-1-39 所示。

图 4-1-39　"钻孔"对话框

(17) 在【刀具管理器】中选择"编辑刀具"，系统打开"刀具设定"对话框，新建并设置所用刀具，如图 4-1-40 所示。

(18) 单击【参考】选项，系统弹出"选取孔"对话框，在"类型"中选择"轴"，然后拾取 4 个孔的轴线。在"起始"中选择圆柱上表面作为加工起始面，在"终止"中选择"贯穿全部"钻通孔，如图 4-1-41 所示。

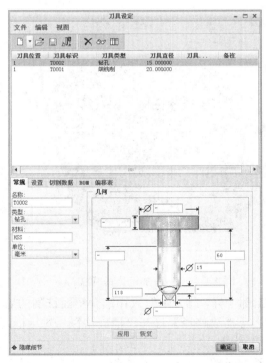

图 4-1-40　刀具设置

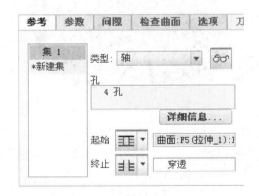

图 4-1-41　选择加工的孔

(19) 单击【参数】选项，设置钻孔参数，如图 4-1-42 所示。单击【间隙】选项，设置退刀曲面及距离，如上述操作。单击【确定】就完成了钻孔操作。

(20) 单击【确定】就完成了底平面铣削的加工。在右侧树形工具栏中右键选中钻孔，单击【播放路径】打开"播放路径"对话框，如图 4-1-43 所示。

(21) 单击"播放路径"对话框中的 ▶ 按钮，系统开始在屏幕上动态演示刀具路径，如图 4-1-44 所示，刀具路径演示完后，单击【关闭】按钮。

(22) 对整个加工进行全部仿真，如图 4-1-45 所示。

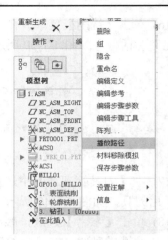

图 4-1-42　设置钻孔参数　　　　　　图 4-1-43　"播放路径"对话框

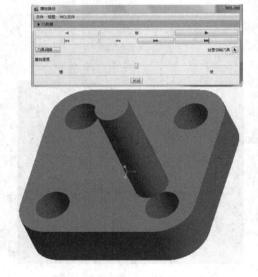

图 4-1-44　刀具路径演示图　　　　　　图 4-1-45　所有加工仿真模拟

　　(23) 后处理操作对每一个工序 G 代码的输出都一样，此处本例只详细介绍面铣削的后处理操作。右击【轮廓铣削】，在快捷菜单中单击【播放路径】打开"播放路径"对话框，如图 4-1-46 所示。

　　(24) 单击【向前播放】按钮　　　　▶　　，系统演示路径轨迹。轨迹演示完毕后单击【文件】菜单下【另存为 MCD】，系统弹出"后处理选项"对话框，选择"同时保存 CL 文件"→"详细"→"追踪"，如图 4-1-47 所示。

　　(25) 单击【输出】，系统弹出"保存副本"对话框，输入名称即可(只限字母和数字)。单击【确定】，系统弹出"菜单管理器"，如图 4-1-48 所示。选择一个后处理类型，系统弹出一窗口，按 Enter 键即可完成后处理的输出。

　　到此为止，整个后处理操作就完成了。可以在保存文件里找到类型为 TAP 格式的文本，即为输出的后处理代码。

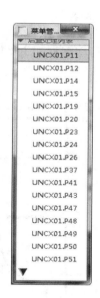

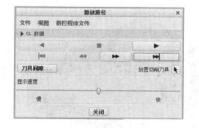

图 4-1-46　"播放路径"对话框　　图 4-1-47　"后处理选项"对话框　图 4-1-48　"菜单管理器"

（26）在当前工作目录下用【记事本】程序打开保存的 Set01.tap 文件，生成数控加工程序，如图 4-1-49 所示。

图 4-1-49　生成的数控加工程序

四、任务拓展

在数控铣 CAM 实际加工中我们还可以使用 Creo 进行绘图，转格式 IGES 后导入其他软件中进行数控自动编程。数控铣编程拓展推荐软件 Mastercam。

Mastercam 软件是美国 CNC SoftwareINC.所研制开发的集计算机辅助设计和制造于一体的软件。它的 CAD 模块不仅可以绘制二维和三维零件图形，也能在 CAM 模块中对被加工零件直接编制刀具路径和数控加工程序。它是目前在模具设计和数控加工中使用非常普遍、而且相当成功的软件。它主要应用于加工中心、数控铣床等数控加工设备。由于该软件的性能价格比较好，而且学习使用比较方便，因此被许多加工企业所接受。目前该软件是微机平台上装机量最多、应用最广泛的软件。

五、思考练习

自动编程加工如图 4-1-50 所示的零件。

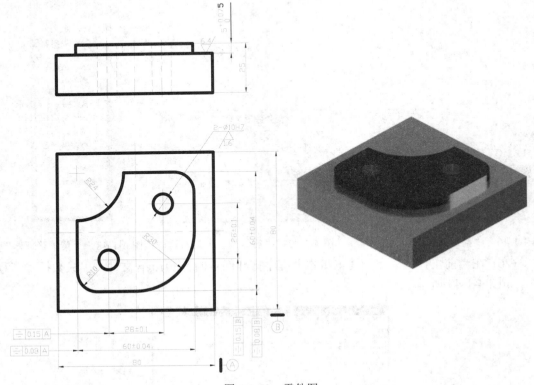

图 4-1-50　零件图

任务 2　车削加工轴类零件

一、任务描述

手柄零件是常用操作工具的把手，如图 4-2-1 所示。本任务要加工的是手柄零件的轮廓面，该轮廓面是由圆弧和直线形成的曲线绕旋转中心旋转形成的旋转曲面，所以可以在车床上完成。对手柄零件加工过程中主要用到的加工方法有区域车削加工和轮廓车削加工。

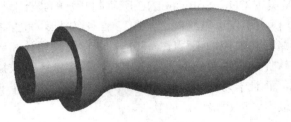

图 4-2-1 手柄零件

二、知识链接

在工业产品中，轴类零件适用于用一个或多个数控机床进行加工。轴类零件是五金配件中经常遇到的典型零件之一，主要用来支承传动零部件，传递扭矩和承受载荷。

1. 常用刀具

用于加工轴类零件的刀具很多，这里只介绍几种在数控机床上常用的车刀。

（1）外圆车刀：主要用于加工外圆及断面的粗加工、半精加工及精加工，如图 4-2-2 所示。

（2）内孔车刀：主要用于加工内孔的粗加工、半精加工及精加工，如图 4-2-3 所示。

图 4-2-2　外圆车刀

图 4-2-3　内孔车刀

（3）螺纹车刀：属切削刀具的一种，是用来在车削加工机床上进行螺纹的切削加工的一种刀具，如图 4-2-4 所示。

图 4-2-4　螺纹车刀

2. 常用加工方案

平面类零件加工主要涉及的加工方案如表 4-2-1 所示。

表 4-2-1　加工表面的加工方案

序号	加工表面	加工方案	所使用的刀具
1	外轮廓	粗车—半精车—精车	外圆车刀或螺纹车刀
2	内孔	钻孔—粗车—半精车—精车	钻头及内孔车刀

3. 手柄零件加工工艺

根据数控车削加工工艺的要求，按照先粗后精的加工原则，首先通过粗加工去除大量的加工余量，使用 PRO/NC 模块中的区域车削功能完成，然后通过精加工达到图纸上的精度要求，使用 PRO/NC 模块中的轮廓车削完成。各工步的加工内容、加工方法和所用的刀具如表 4-2-2 所示。

表 4-2-2   工   步   表

序号	加工内容	加工方法	刀具
1	粗加工	区域车削	外圆粗车刀
2	精加工	轮廓车削	外圆精车刀

三、任务实施

(1) 单击【文件】→【新建】→ "制造" → "NC 组件",将零件名称修改为 "1",去掉 "使用缺省模板" 选项前的钩,单击【确定】,选择 "mmns_mfg_nc" 模板,单击【确定】以进入数控加工环境,如图 4-2-5、图 4-2-6 所示。

图 4-2-5   新建零件   图 4-2-6   选择模板

(2) 单击 "制造单元工具栏" 上的【装配参照模型】按钮,弹出 "打开" 对话框,然后选择模型文件 "shoubing.prt"。单击【确定】按钮后,弹出元件放置操控板,选择约束类型为 "缺省",从操控板中间位置可知元件为完全约束,单击【完成】按钮,加载参照模型,如图 4-2-7 所示。

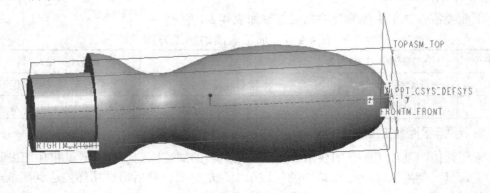

图 4-2-7   加载参照模型

（3）单击制造元件工具栏上的【自动工件】按钮 ，弹出"打开"对话框，选择【创建圆柱工件】按钮 ⊙，创建圆柱工件，如图 4-2-8 所示。单击【选项】按钮，弹出【选项上滑】面板，设置圆柱工件的尺寸，如图 4-2-9 所示。单击操控板右侧的【完成】按钮，建立如图 4-2-10 所示的工件。

图 4-2-8　【自动工件】操控板

图 4-2-9　【选项上滑】面板

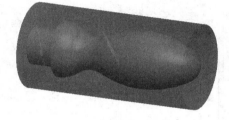

图 4-2-10　创建工件

（4）单击【步数】→【操作】菜单命令，弹出"操作设置"对话框，选择默认的操作名称，如图 4-2-11 所示。单击"操作设置"对话框中的 按钮，打开"机床设置"对话框，使用默认的机床名称，选择"1 个塔台"车床，如图 4-2-12 所示，单击【确定】按钮，返回"操作设置"对话框。

图 4-2-11　"操作设置"对话框

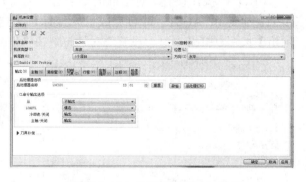

图 4-2-12　"机床设置"对话框

（5）单击【基准】工具栏上的【坐标系】按钮，打开"坐标系"对话框，先选中工件轴线作为 Z 轴，再按住 Ctrl 键选取该工件的右端面，两者的交点为原点，如图 4-2-13 所示。切换到该对话框的【定向】选项，然后选择 NC_ASM_RIGHT 作为 X 向的参照，接着选择 NC_ASM_FRONT 作为 Z 向的参照，并单击【反向】使 Z 轴反向，单击【确定】按钮，建立坐标系，如图 4-2-14 所示。

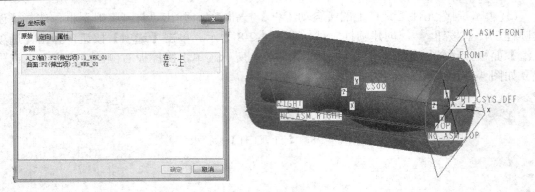

图 4-2-13　建立坐标系原点

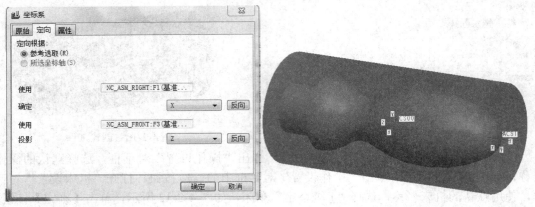

图 4-2-14　创建坐标系

（6）在"操作设置"对话框的参照选项组中单击 ⚓(程序零点)后的 ▶ 按钮，选择上一步创建坐标系 ACS1，即可完成机床坐标系的定义。单击"操作设置"对话框的【间隙选项组】按钮，打开"退刀设置"对话框，在"值"下拉列表框中输入 50，如图 4-2-15 所示。

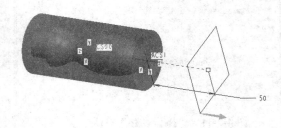

图 4-2-15　"退刀设置"对话框

（7）单击 NC 铣削工具栏上【区域车削】按钮 ，弹出【NC 序列】菜单。在【NC 序列】菜单中选择【序列设置】→"刀具"→"参数"→"刀具运动"→【完成】，如图 4-2-16 所示。

（8）系统自动打开"刀具设定"对话框，设置刀具参数如图 4-2-17 所示。然后单击【应用】→【确定】按钮，完成刀具设置。

图 4-2-16　选择菜单命令顺序

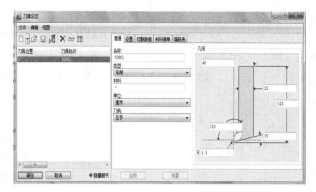

图 4-2-17　"刀具设定"对话框

(9) 系统自动打开"编辑序列参数'区域车削'"对话框,设置车削加工参数,如图 4-2-18 所示。设置完成后,单击【确定】按钮,关闭对话框。

(10) 系统自动打开"刀具运动"对话框,单击对话框中的【插入】按钮,系统自动打开"刀具运动"对话框,要求建立车削轮廓,如图 4-2-19 所示。

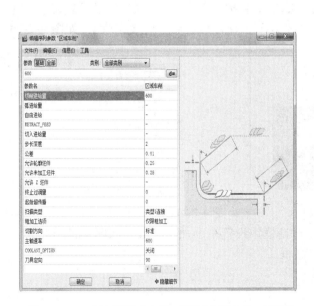

图 4-2-18　"编辑序列参数'区域车削'"对话框

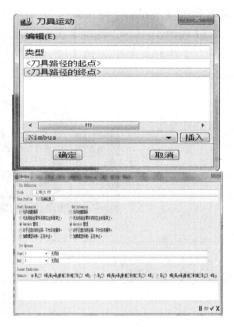

图 4-2-19　"刀具运动"对话框

(11) 单击 MFG 几何特征工具栏中的【车削轮廓刀具】按钮 ,系统自动打开【车削轮廓刀具】操控板,单击该操控板中的【使用草绘定义车削轮廓】按钮 ,如图 4-2-20 所示。

图 4-2-20　【车削轮廓刀具】操控板

(12) 选择坐标系 ACS1,单击【定义内部草绘】按钮 ,系统打开"草绘"对话框,提示"选择参照面",选取工件的右端面为参照面,参照面的法线指向右,单击【草绘】按钮进入草绘界面。选取中心线和工件右端面为参照面,单击右侧工具栏中的【使用边】按钮 □,选择手柄的上边轮廓,如图 4-2-21 所示,单击右侧【确定】按钮✔。系统显示去除材料的方向,如图 4-2-22 所示,单击【确定】按钮,完成车削轮廓的建立。

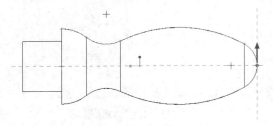

图 4-2-21 草绘轮廓   图 4-2-22 去除材料方向

　　(13) 在【NC 序列】菜单中依次选择【播放路径】→【屏幕演示】命令,系统弹出"播放路径"对话框。单击"播放路径"对话框中的 ▶ 按钮,系统开始在屏幕上动态演示刀具路径,如图 4-2-23 所示。刀具路径演示完后,单击【关闭】按钮。选择【NC 序列】菜单中的【完成序列】命令,完成序列设置。

　　(14) 单击【NC 铣削】工具栏上的【轮廓车削】按钮 📐,弹出【NC 序列】菜单。在【NC 序列】菜单中选择【序列设置】→"参数"→"刀具运动"→【完成】,如图 4-2-24 所示。

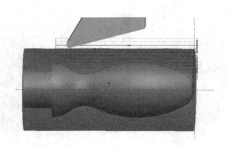

图 4-2-23 刀具路径演示   图 4-2-24 NC 序列菜单

　　(15) 系统自动打开"编辑序列参数"对话框,设置车削加工参数,如图 4-2-25 所示。设置完成后,单击【确定】按钮,关闭对话框。

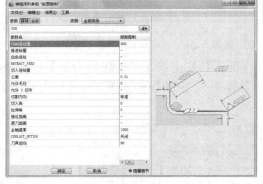

图 4-2-25 "编辑序列参数'端面铣削'"对话框

（16）系统自动打开"刀具运动"对话框，单击对话框中的【插入】按钮，系统自动打开"区域车削切割"对话框，要求建立车削轮廓，如图 4-2-26 所示。

（17）在【NC 序列】菜单中依次选择【播放路径】→【屏幕演示】命令，系统弹出"播放路径"对话框。单击"播放路径"对话框中的 ▶ 按钮，系统开始在屏幕上动态演示刀具路径，如图 4-2-27 所示。刀具路径演示完后，单击【关闭】按钮。选择【NC 序列】菜单中的【完成序列】命令，完成序列设置。

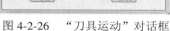

图 4-2-26　"刀具运动"对话框

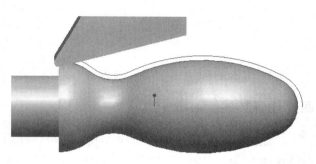

图 4-2-27　刀具路径演示

（18）单击【编辑】→【CL DATA】→【输出】命令，弹出【选取特征】菜单，选择【操作】→【OP010】命令，如图 4-2-28 所示。在弹出的【轨迹】菜单中选择【文件】选项，弹出【输出类型】菜单，如图 4-2-29 所示。在【输出类型】菜单中选择"CL 文件"→"交互"→【完成】，系统弹出"保存副本"对话框，使用默认的文件名 OP010.ncl，单击【确定】按钮完成 CL 文件的创建。

图 4-2-28　【选取特征】菜单

图 4-2-29　【输出类型】菜单

（19）单击【工具】→【CL DATA】→【POST PROCESS】命令，系统弹出"打开"对话框，选择上一步创建的后处理文件 OP010.ncl，单击【打开】按钮。在弹出的【后处理选项】菜单中选择【全部】和【跟踪】命令后，单击【完成】命令，在弹出的后置处理列表中选择 UNCX01.P11，系统弹出"命令提示符"窗口，输入程序号为 0001 后，系统自动在后台进行后置处理,处理完成后 NC 代码存放在 OP010.tap 文件中。在当前工作目录下用【记事本】程序打开保存的 OP010.tap 文件,生成数控加工程序,如图 4-2-30 所示。

图 4-2-30　生成的数控加工程序

四、任务拓展

在数控车床 CAM 实际加工中我们还可以使用国产的 CAXA 数控车软件进行编程。CAXA 数控车软件具有 CAD 软件的强大绘图功能和完善的外部数据接口,可以绘制任意复杂的图形,并能通过 DXF、IGES 等数据接口与其他系统交换数据。该软件提供了简洁的轨迹生成手段,可按加工要求生成各种复杂图形的加工轨迹。学习者可下载如图 4-2-31 所示的 CAXA 数控车软件来仿真加工本任务课题。

图 4-2-31　CAXA 数控车安装界面

五、思考练习

编程加工如图 4-2-32 所示的零件。

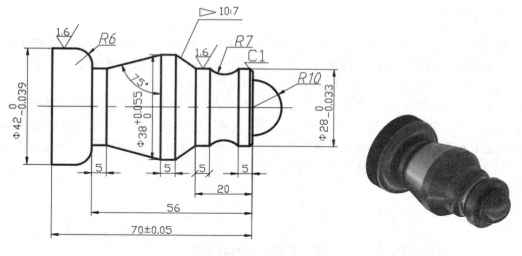

图 4-2-32　数控车零件图

任务 3　建模加工塑料成型模具(凹模)

一、任务描述

　　本任务在设计塑料零件的基础上，利用 Creo4.0 系统下的【制造】→【模具型腔】模块进行模具组件设计，并在完成该零件模具的基础上，将其凹模文件利用【制造】→【NC组件】进行加工。本任务要完成的零件如图 4-3-1 所示，该零件的结构较复杂，主要需要进行注塑模具的设计和凹模的加工。

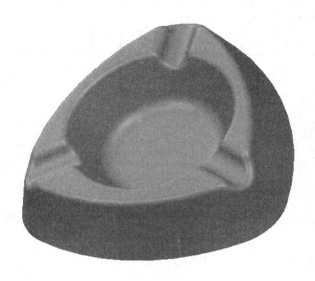

图 4-3-1　塑料零件

二、知识链接

模具可分为三大类。第一类：金属体积成型模具，如锻(镦、挤压)模、压铸模等。第二类：金属板材成型模具，如冲模等。第三类：非金属材料制品用成型模具，如塑料注射模和压缩模、橡胶制品、玻璃制品、陶瓷制品用成型模具等。

下面主要介绍塑料注射成型模具。该模具是热塑性塑料件产品生产中应用最为普遍的一种成型模具。塑料注射模具对应的加工设备是塑料注射成型机，塑料首先在注射机加热料筒内受热熔融，然后在注射机的螺杆或柱塞的推动下，经注射机喷嘴和模具的浇注系统进入模具型腔，塑料冷却硬化成型，脱模得到制品，如图 4-3-2 所示。

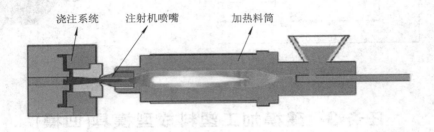

图 4-3-2　注塑示意图

利用 Creo 模具设计模块实现塑料模具设计的基本流程如图 4-3-3 所示。

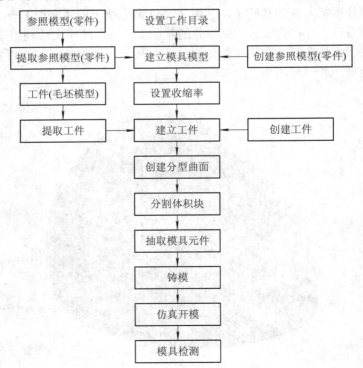

图 4-3-3　Creo 模具设计的基本流程

三、任务实施

(1) 单击【文件】→【新建】命令，将零件名称修改为"3"，去掉【使用默认模板】选项前的钩，单击【确定】，选择"mmns_prt_solid"，单击【确定】以进入零件环境，如图4-3-4、图4-3-5 所示。

图 4-3-4　新建零件

图 4-3-5　选择模板

(2) 单击【拉伸特征】按钮，【拉伸】工具条如图4-3-6 所示。选择 TOP 面为草绘面，使用默认参照，进入草绘环境，绘制如图4-3-7 所示的草图，单击✔按钮，拉伸高度为 26，得到如图 4-3-8 所示的拉伸体。

图 4-3-6　【拉伸】工具条

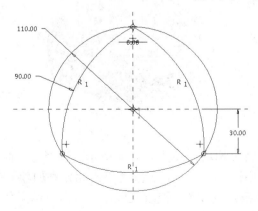

图 4-3-7　拉伸草绘

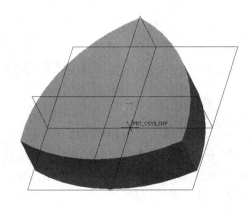

图 4-3-8　拉伸特征

(3) 单击【拉伸特征】按钮 ，【拉伸】工具条如图 4-3-9 所示。选择实体顶面为草绘面，使用默认参照，进入草绘环境，绘制如图 4-3-10 所示的草图，单击 ✔ 按钮，拉伸高度为 20，选择切除按钮，得到如图 4-3-11 所示的拉伸体。

图 4-3-9   【拉伸】工具条

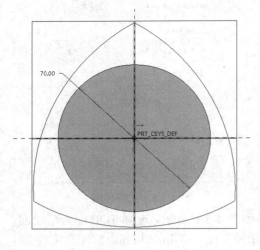

图 4-3-10   拉伸草绘

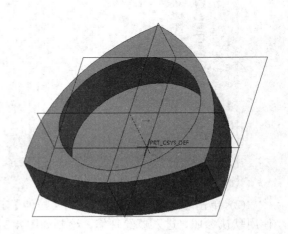

图 4-3-11   拉伸特征

(4) 单击【倒圆角】按钮 倒圆角，出现圆角特征选项，如图 4-3-12 所示。输入圆角半径值 12，选中三个边角线，点击【确认】，如图 4-3-13 所示。

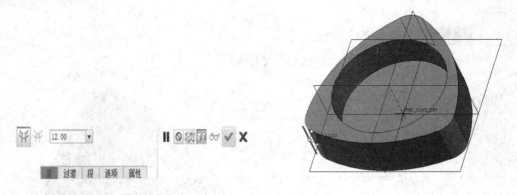

图 4-3-12   【倒圆角】工具条   图 4-3-13   圆角结果

(5) 单击【拔模】按钮 拔模，出现拔模特征选项，如图 4-3-14 所示。选择上平面，并按住 Shift 键的同时选取实体顶面的边线，如图 4-3-15 所示。选择【单击此处添加项】栏，系统提示选择拔模枢轴，选择上平面并输入拔模角度 20º，修改拔模角度方向，结果如图 4-3-16 所示。

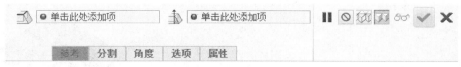

图 4-3-14　【拔模】工具条

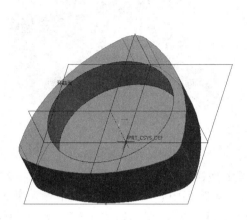

图 4-3-15　选择的实体面

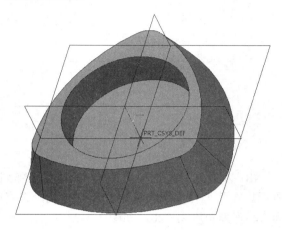

图 4-3-16　拔模结果

　　(6) 单击【拔模】按钮 拔模，选择圆弧实体侧面，如图 4-3-17 所示。选择【单击此处添加项】栏，系统提示选择拔模枢轴，选择上平面并输入拔模角度 30°，修改拔模角度方向，结果如图 4-3-18 所示。

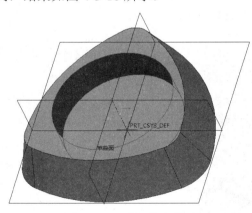

图 4-3-17　选择的实体面

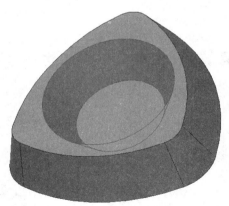

图 4-3-18　拔模结果

　　(7) 单击【拉伸特征】按钮 ，【拉伸】工具条如图 4-3-19 所示。选择 FRONT 面为草绘面，使用默认参照，进入草绘环境，绘制如图 4-3-20 所示的草图，单击 按钮，拉伸高度选择贯穿，选择【换向】和【切除】按钮，得到如图 4-3-21 所示的拉伸体。

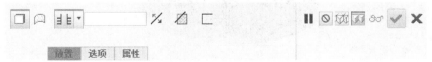

图 4-3-19　【拉伸】工具条

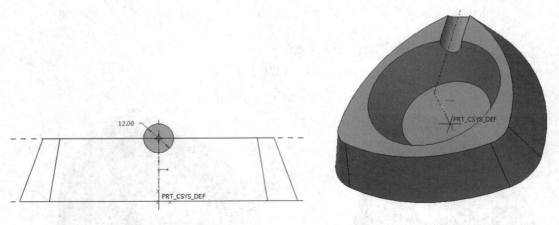

图 4-3-20　拉伸草绘　　　　　　　　　　　　图 4-3-21　拉伸特征

(8) 左键选择特征树中拉伸 3，单击【阵列特征】按钮，【阵列】工具条如图 4-3-22 所示。在阵列栏中选择【轴】阵列方式，选择中心线为阵列中心，在特征选项中输入个数为 3，阵列角度为 120，如图 4-3-23 所示，单击【确定】按钮，得到如图 4-3-24 所示的阵列图形。

图 4-3-22　【阵列】工具条

图 4-3-23　阵列设置

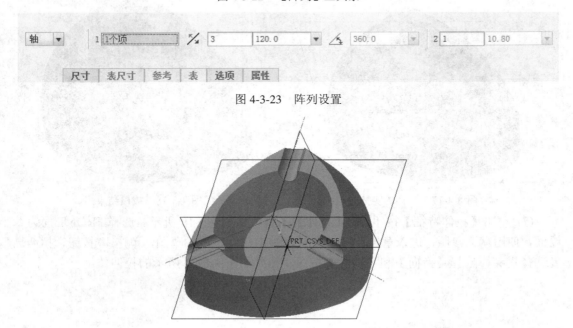

图 4-3-24　阵列特征

(9) 单击【倒圆角】按钮 ⟲倒圆角，出现圆角特征选项，如图 4-3-25 所示。输入圆角半径值 5，选中槽的边角线，单击【确认】，结果如图 4-3-26 所示。

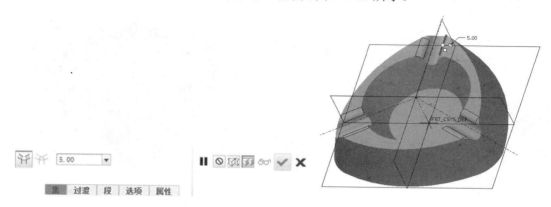

图 4-3-25　【倒圆角】工具条　　　　　　　　　图 4-3-26　圆角结果

(10) 单击【倒圆角】按钮 ⟲倒圆角，出现圆角特征选项，如图 4-3-27 所示。输入圆角半径值 3，选中槽的边角线，单击【确认】，结果如图 4-3-28 所示。

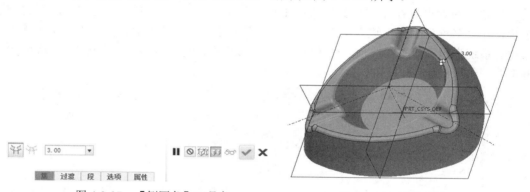

图 4-3-27　【倒圆角】工具条　　　　　　　　　图 4-3-28　圆角结果

(11) 单击【倒圆角】按钮 ⟲倒圆角，出现圆角特征选项，如图 4-3-29 所示。输入圆角半径值 8，选中槽的边角线，单击【确认】，结果如图 4-3-30 所示。

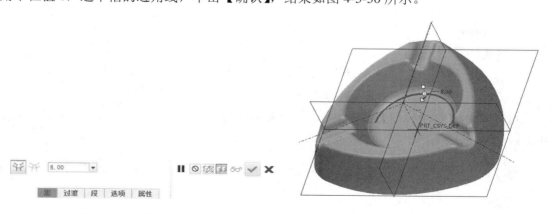

图 4-3-29　【倒圆角】工具条　　　　　　　　　图 4-3-30　圆角结果

(12) 单击【抽壳】按钮 回壳 ，出现抽壳特征选项，如图 4-3-31 所示。选择实体底面为抽壳面，输入抽壳厚度为 2，单击【确认】，结果如图 4-3-32 所示。

图 4-3-31　【抽壳】工具条　　　　　　　图 4-3-32　抽壳结果

(13) 选择【文件】→【保存】，保存文件并关闭窗口。

(14) 选择菜单栏中【文件】→【新建】命令建立新的文件，系统弹出如图 4-3-33 所示的"新建"对话框，在【类型】栏选择【制造】模块，在【子类型】栏选择【模具型腔】模块，在"名称"输入栏输入文件名"3"，并取消【使用默认模板】复选框，单击【确定】按钮。系统弹出"新文件选项"对话框，在"模板"栏选择公制模具设计模板"mmns_mfg_mold"，单击【确定】按钮。

图 4-3-33　"新建"对话框

(15) 单击【参考模型】按钮 ，组装参考模型，打开文件"3.prt"， 系统显示如图 4-3-34 所示的工具条。

图 4-3-34　【参考模型】工具条

（16）逐一选择参考模型 FRONT 基准面和 MOLD_FRONT 面重合配合，参考模型 TOP 基准面和 MOLD_RIGHT 面重合配合，参考模型 RIGHT 基准面和 MOLD_PARTING_PLN 面重合配合，如图 4-3-35 所示。

（17）单击【收缩】按钮 收缩，弹出如图 4-3-36 所示的"按比例收缩"对话框，在"收缩率"栏输入收缩率"0.005"，单击【确定】按钮。

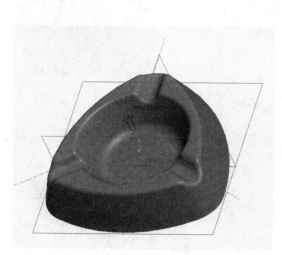

图 4-3-35　装配结果

图 4-3-36　输入收缩率

（18）单击【创建工件】按钮 创建工件，系统弹出如图 4-3-37 所示的"元件创建"对话框，在"名称"栏输入毛坯工件名称"maopi"，单击【确定】按钮。

（19）系统弹出如图 4-3-38 所示的"创建选项"对话框，选择【创建特征】选项，单击【确定】按钮。

图 4-3-37　输入毛坯名称

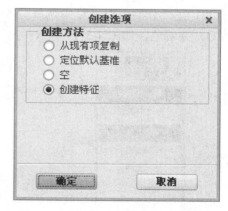

图 4-3-38　选择"创建选项"对话框

（20）单击【拉伸特征】按钮 ，选择 MOLD_FRONT 为草绘面，使用默认参照，进入草绘环境，绘制如图 4-3-39 所示的草绘，单击 按钮，拉伸为双面拉伸 160，得到如图 4-3-40 所示的回转体。

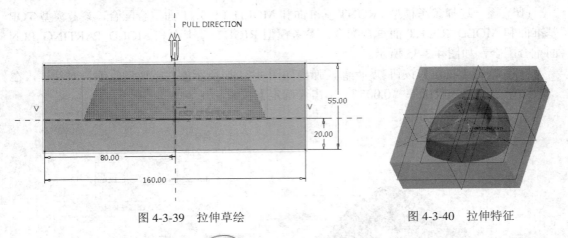

图 4-3-39　拉伸草绘　　　　　　　　图 4-3-40　拉伸特征

(21) 单击【分型面】按钮 ，选择阴影曲面，单击【确定】，如图 4-3-41 所示。

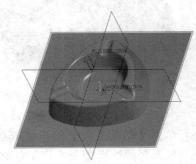

图 4-3-41　阴影曲面

(22) 单击【模具体积块】按钮 ，选择体积块分割，菜单管理器如图 4-3-42 所示。

(23) 在"分割"对话框中选择分型面，选择刚建立的分型面，在体积块名称中输入 TUMO，并着色，如图 4-3-43 所示。

图 4-3-42　菜单管理器　　　　　　　图 4-3-43　凸模

(24) 在"分割"对话框中选择分型面，在体积块名称中输入 AOMO 并着色，如图 4-3-44 所示。

(25) 单击【创建模具原件】按钮 ，选择【型腔镶块】，如图 4-3-45 所示。

图 4-3-44　凹模

图 4-3-45　创建模具元件

（26）单击【文件】→【新建】→"制造"→"NC 组件"，将零件名称修改为"aomo"，去掉【使用默认模板】选项前的钩，单击【确定】，选择"mmns_mfg_nc"模板，单击【确定】以进入数控加工环境，如图 4-3-46、图 4-3-47 所示。

图 4-3-46　新建零件

图 4-3-47　选择模板

（27）单击【装配参照模型】按钮，弹出"打开"对话框，选择模型文件 aomo.prt，调整工件如图 4-3-48 所示。

（28）单击【工具栏工件】快捷键，在下拉菜单中选择【自动工件】按钮，打开【自动工件】操控板，选中【创建矩形工件】按钮，创建矩形工件。单击操控板右侧的【完成】按钮，建立如图 4-3-49 所示的工件。

图 4-3-48　加载参照模型图

图 4-3-49　创建工件

（29）选择【加工坐标系】，单击基准工具栏上的【坐标系】按钮 ✕，打开"坐标系"对话框，先选择工件的左侧面，再按住 Ctrl 键选择工件的前面和上面，如图 4-3-50 所示。点击"坐标系"对话框中的【方向】按钮，反转坐标轴方向，最后单击【确定】按钮，在工件上表面的左下角建立一个坐标系 ACS1，如图 4-3-51 所示。

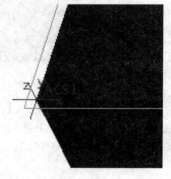

图 4-3-50   选择坐标系参照   图 4-3-51   创建坐标系

（30）定义操作名称，单击"操作设置"对话框中的 [　] 按钮，打开"机床设置"对话框，使用默认的机床名称，选择"3 轴"联动数控铣床，如图 4-3-52 所示。单击【确定】按钮返回"操作设置"对话框。

（31）在【工艺】选项卡中单击【操作】图标 ⟂Ш，点击【间隙】，系统弹出"操作设置"对话框，如图 4-3-53 所示。在【间隙】菜单下设置退刀平面，其余接受默认选项，如图 4-3-54 所示，在坐标系选择中选择刚建立的坐标 ACS1。

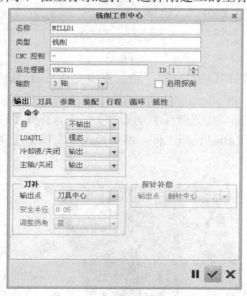

图 4-3-52   "操作设置"对话框   图 4-3-53   操作设置

（32）单击【铣削】菜单，在【制造】选项中选择【曲面铣削】按钮 ⬚，系统弹出"菜单管理器"对话框，如图 4-3-55 所示。

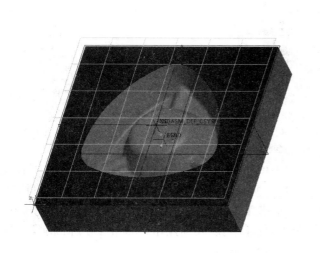

图 4-3-54　退刀平面图

图 4-3-55　菜单管理器

（33）在【刀具管理器】中选择【编辑刀具】，系统打开"刀具设定"对话框，新建并设置所用刀具，如图 4-3-56 所示。编辑序列参数见图 4-3-57 所示。

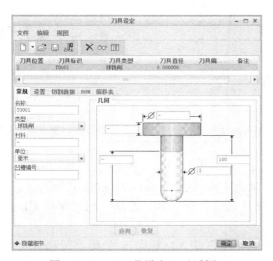

图 4-3-56　"刀具设定"对话框

图 4-3-57　编辑序列参数

（34）选择模型 AOMO.prt，框选加工曲面如图 4-3-58 所示。单击切削定义中的【确定】按钮就完成了曲面铣削的加工，如图 4-3-59 所示。单击【播放路径】按钮打开"播放路径"对话框，如图 4-3-60 所示。

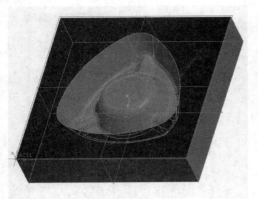

图 4-3-58　加工曲面图　　　　图 4-3-59　切削定义　图 4-3-60　"播放路径"对话框

(35) 单击"播放路径"对话框中的 ▶ 按钮。系统开始在屏幕上动态演示刀具路径，如图 4-3-61 所示。刀具路径演示完后，单击【关闭】按钮。由于后处理操作对每一个工序 G 代码的输出都一样，此处只详细介绍面铣削的后处理操作。右击【轮廓铣削】，在快捷菜单中单击"播放路径"对话框，如图 4-3-62 所示。

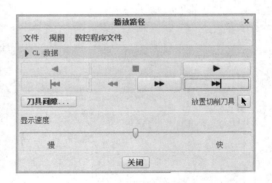

图 4-3-61　刀具路径演示　　　　　　图 4-3-62　"播放路径"对话框

(36) 单击【向前播放】按钮 ▶ ，系统演示路径轨迹。轨迹演示完毕后单击【文件】菜单下的【另存为 MCD】，系统弹出"后处理选项"对话框，选择"同时保存 CL 文件"→"详细"→"追踪"，如图 4-3-63 所示。

(37) 单击【输出】，系统弹出"保存副本"对话框，输入名称即可(只限字母和数字)。单击【确定】，系统弹出"菜单管理器"，如图 4-3-64 所示。选择一个后处理类型，系统弹出一窗口，按 Enter 键即可完成后处理的输出。

到此为止，整个后处理操作就完成了。可以到保存文件里找到类型为 TAP 格式的文本，即为输出的后处理代码。

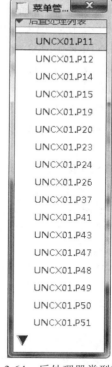

图 4-3-63 "后处理器选项"对话框　　　图 4-3-64 后处理器类型菜单

(38) 在当前工作目录下用【记事本】程序打开保存的 3.tap 文件，生成数控加工程序，如图 4-3-65 所示。

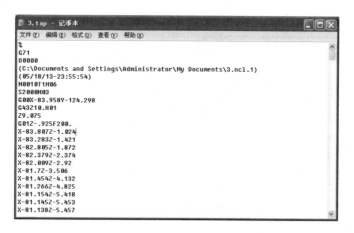

图 4-3-65 生成的数控加工程序图

四、任务拓展

当今，制造工程师面对的最大挑战是在模架设计和细化中找出时间来加强质量、提高速度和改革创新。全球最成功的模具制造商倾向于使用的解决方案就是 Pro/ENGINEER 模架设计专家扩展 (EMX)。

Pro/ENGINEER EMX 是模具制造商和工具制造商必不可少的附加工具，利用它无需执行费时、烦琐的工作，也无需进行会降低产品开发效率的数据转换。

Pro/ENGINEER EMX 允许用户在熟悉的 2D 环境中创建模架布局，并自动生成 3D 模型从而利用 3D 设计的优点。2D 过程驱动的图形用户界面引导用户做出最佳的设计，而且在模架设计过程中自动更新。用户既可以从标准零件目录中选择标准零件(DME、HASCO、FUTABA、PROGRESSIVE、STARK 等)，也可以在自定义元件的目录中进行选择。由此得到的 3D 模型可在模具开模的过程中进行干涉检查，而且可以自动生成交付件(例如工程图和 BOM)。

Pro/ENGINEER EMX 提高了设计速度，原因是独特的图形界面使用户能在自动放置 3D 元件或组件之前快速实时地进行预览，放置了元件后会自动在适当的邻近板和元件中创建间隙切口、钻孔和螺丝孔等操作，因而消除了烦琐的重复性模具细化工作。EMX 还使模具制造公司能够直接在模具组件和元件中获取他们自己独有的设计标准和最佳做法。如果用户希望加快模架设计速度，以便有更多时间来开发更优质、极具创新性的设计，那么，Pro/ENGINEER 模架设计专家扩展就是理想的解决方案。

五、思考练习

塑料成型模具零件自动编程分析和解决的对象一般包括模具的建模、轮廓铣削等问题。一般来说，需要先将零件的三维模型建好，其次确定加工方式，最后使用软件的自动加工功能进行仿真加工。

通过本任务的实践，读者可以掌握曲面类零件自动编程实施的一般步骤与流程。试完成如图 4-3-66 所示的参考零件的模具设计。

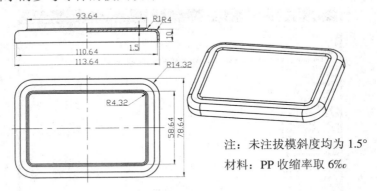

注：未注拔模斜度均为 1.5°
材料：PP 收缩率取 6‰

图 4-3-66　零件图(香皂盒下盖)

任务 4　线切割加工正六边形零件

一、任务描述

六边形零件结构简单而且具有代表性，如图 4-4-1 所示。本任务主要对六边形零件进行线切割加工，需要加工的面是六边形的轮廓外表面，加工过程中主要用到的加工方法是二轴仿形线切割。

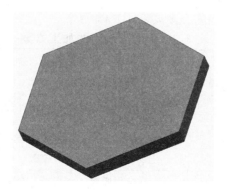

图 4-4-1 六边形零件

二、知识链接

电火花线切割加工是在电火花加工基础上发展起来的一种工艺。该工艺将一根移动着的金属线(电极丝)作为工具电极，利用工具电极与工件之间产生的连续的火花放电对工件切割，故称为电火花线切割加工。

1. 线切割加工的原理

电火花线切割加工原理如图 4-4-2 所示，工件通过绝缘板 7 安装在工作台上，工件和电极丝连接高频脉冲电源 8，电极丝 4 穿过工件 5 上预先钻好的小孔(穿丝孔)，经导轮 3 由储丝筒 2 带动交替往复移动。根据工件图样编制的加工程序输入数控装置 1，数控装置 1 根据加工程序发出指令，控制两台步进电动机 10，驱动工作台移动，加工出平面上的任意曲线。

在加工时，高频脉冲电源 8 产生脉冲电能，工作液由喷嘴 6 以一定压力喷向加工区，当脉冲电压击穿工件和电极丝之间的间隙时，使两级间放电产生火花而蚀除工件，电极丝不断移动，工作台不断进给，火花不断放电，从而在工件上加工出所需的形状和尺寸。

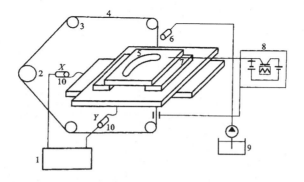

1—数控装置；2—储丝筒；3—导轮；4—电极丝；5—工件；6—喷嘴；
7—绝缘板；8—高频脉冲电源；9—工作液箱；10—步进电动机

图 4-4-2 线切割原理图

2. 线切割加工的应用范围

线切割加工主要涉及的加工方案见表 4-2-1。

表 4-2-1　加工表面的加工方案

电火花线切割加工	平面形状的金属模具加工	冲模、粉末冶金模、拉拔模、挤压模
	立体形状的金属模具加工	冲模用凹模的退刀槽、塑料金属压模、塑料模等分离面
	电火花成形加工所使用的电极的加工	形状复杂的电极、穿孔用电极、带锥度电极
	试制品及零件加工	试制零件、小批量零件、特殊材料的零件、材料试件
	刀具与量具加工	各种卡板量具、模板、成形车刀
	微细加工	化纤喷嘴、异形槽、窄槽

3. 六边形零件线切割加工工艺

六边形零件在线切割时采用两轴数控线切割机床，NC 序列时采用仿形加工方法。由于要求的加工精度不高，所以经过粗加工来完成。

三、任务实施

(1) 单击【文件】→【新建】命令，将零件名称修改为"4"，去掉【使用默认模板】选项前的钩，单击【确定】，选择"mmns_part_solid"模板，单击【确定】以进入零件环境，如图 4-4-3、图 4-4-4 所示。

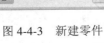

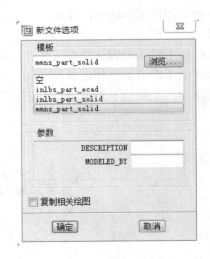

图 4-4-3　新建零件　　　　　　　　　图 4-4-4　选择模板

(2) 单击【拉伸特征】按钮 ，【拉伸】工具条如图 4-4-5 所示。选择 TOP 面为草绘面，使用默认参照，进入草绘环境，绘制如图 4-4-6 所示的草绘，单击 按钮，拉伸高度为 20，得到如图 4-4-7 所示的回转体。

图 4-4-5　【拉伸】工具条

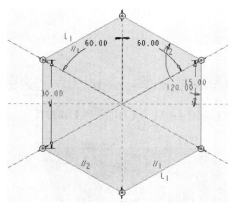

图 4-4-6　拉伸草绘

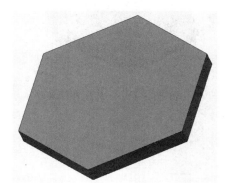

图 4-4-7　拉伸特征

(3) 单击【文件】→【保存】命令，保存文件并关闭窗口。

(4) 单击【文件】→【新建】→"制造"→"NC 组件"，将零件名称修改为"4"，去掉【使用默认模板】选项前的钩，单击【确定】，选择"mmns_mfg_nc"模板，单击【确定】以进入数控加工环境，如图 4-4-8、图 4-4-9 所示。

图 4-4-8　新建零件

图 4-4-9　选择模板

(5) 单击【装配参照模型】按钮 ，弹出"打开"对话框，选择模型文件 4.prt。单击【确定】按钮后弹出【原件放置】操控板，选择约束类型为"缺省"，从操控板中间位置可知元件完全约束。单击【完成】按钮，加载参照模型，如图 4-4-10 所示。

(6) 单击工具栏中的【工件快捷】按钮 ，在下拉菜单中选择的【自动工件】按钮，打开【自动工件】操控板，选中【创建矩形工件】按钮 ，创建矩形工件，如图 4-4-11 所示。单击【选项】按钮，弹出【选项上滑】面板，设置矩形工件的尺寸，如图 4-4-12 所示。单击操控板右侧的【完成】按钮，建立如图 4-4-13 所示的工件。

图 4-4-10　加载参照模型

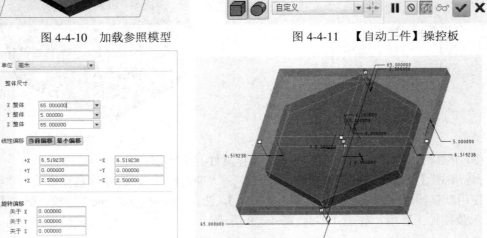

图 4-4-11　【自动工件】操控板

图 4-4-12　【选项上滑】面板

图 4-4-13　创建工件

（7）单击"操作设置"对话框中的 ⬚ 按钮，打开"机床设置"对话框，使用默认的机床名称，选择线切割机床，如图 4-4-14 所示。单击【确定】按钮返回"操作设置"对话框。

图 4-4-14　"操作设置"对话框

图 4-4-15　操作设置

(8) 单击【制造】菜单，在【工艺】选项卡中单击【操作】图标，系统弹出"操作设置"对话框，如图 4-4-14 所示。在【间隙】菜单下设置退刀平面，其余接受默认选项，如图 4-4-16 所示。在坐标系选择中选择原始坐标，如图 4-4-17 所示。

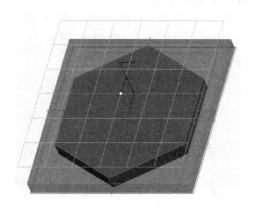

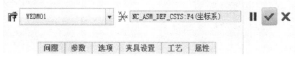

图 4-4-16　退刀平面　　　　　　　　　　　　图 4-4-17　选择坐标系

(9) 选择线切割加工选项中的【轮廓加工】按钮，弹出【NC 序列】菜单。在【NC 序列】菜单中选择【序列设置】→"刀具"→"参数"→【完成】，如图 4-4-18 所示。

(10) 系统自动打开"刀具设定"对话框，设置刀具参数：名称为 T0001，类型为"轮廓加工"，单位为毫米，直径为 4 mm，长度为 100 mm，其余保持系统默认值，如图 4-4-19 所示。然后单击【应用】→【确定】按钮，完成刀具设置。

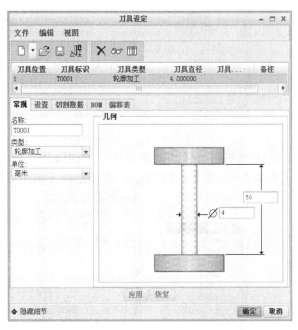

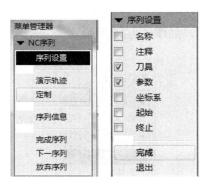

图 4-4-18　选择菜单命令顺序　　　　　　　图 4-4-19　"刀具设定"对话框

(11) 系统自动打开"编辑序列参数'轮廓加工线切割'"对话框，设置加工参数如图 4-4-20 所示。设置完成后，单击【确定】按钮，关闭对话框。

(12) 系统自动打开如图 4-4-21 所示的"定制"对话框和如图 4-4-22 所示的"CL 数据"窗口。单击"定制"对话框中的【插入】按钮，系统自动打开【WEDM 选项】菜单，依次选择"粗糙"→"草绘"→【完成】，如图 4-4-23 所示。

图 4-4-20　编辑序列参数"轮廓加工线切割"对话框

图 4-4-21　"定制"对话框

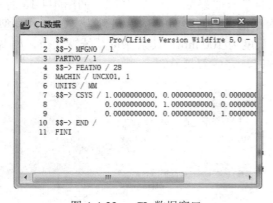

图 4-4-22　CL 数据窗口

图 4-4-23　【Wedm 选项】菜单

(13) 系统打开【切割】菜单，依次选择"螺纹点"→"草绘"→"偏距"→"粗糙"→【完成】，如图 4-4-24 所示。系统打开【定义点】菜单，如图 4-4-25 所示。

图 4-4-24　【切割】菜单

图 4-4-25　【定义点】菜单

(14) 单击右侧基准工具栏中的【基准点】按钮  ，系统弹出"基准点"对话框，选取工件上表面右下角顶点，单击【确定】按钮，在工件的上表面右下角顶点建立一个基准点，如图 4-4-26 所示。单击【确定】按钮返回定义点菜单，单击【完成】→【返回】命令。

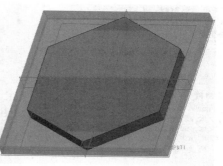

图 4-4-26　创建工件上的螺纹点

(15) 系统自动打开【设置草绘平面】菜单，提示选取草绘平面，选取工件的底面作为绘图面，系统打开【草绘视图】菜单，选择右命令，如图 4-4-27 所示。选取工件的右侧面，进入草绘界面。选取工件的前侧面和右侧面为参照，单击右侧工具栏上的【使用边】按钮  ，依次选取五边形的五条边，如图 4-4-28 所示，单击右侧工具栏 ✔ 按钮。

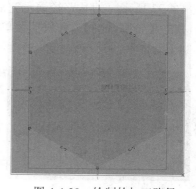

图 4-4-27　草绘菜单　　　　　　　　　图 4-4-28　绘制的加工路径

(16) 系统自动打开【内部减材料偏移】菜单，选择右命令，如图 4-4-29 所示，使箭头方向朝外即刀具朝外偏移，如图 4-4-30 所示，选择【完成】命令。

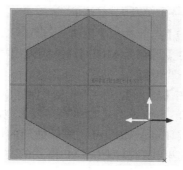

图 4-4-29　【内部减材料偏移】菜单　　　　　图 4-4-30　偏移方向

(17) 单击【确定】按钮，就完成了底平面铣削的加工。在右侧树形工具栏中右键选中轮廓铣削，单击【播放路径】，如图 4-4-31 所示，打开"播放路径"对话框，如图 4-4-32 所示。

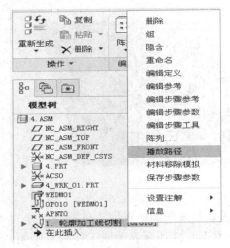

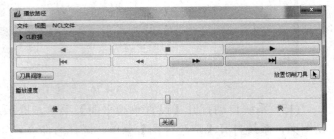

图 4-4-31　【播放路径】选项　　　　　　　图 4-4-32　"播放路径"对话框

(18) 单击"播放路径"对话框中的 ▶ 按钮，系统开始在屏幕上动态演示刀具路径，如图 4-4-33 所示。刀具路径演示完后，单击【关闭】按钮。

(19) 右击【轮廓铣削】，在快捷菜单中单击"播放路径"，弹出"播放路径"对话框，如图 4-4-34 所示。

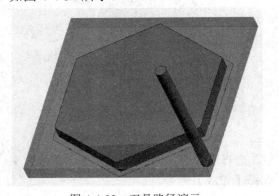

图 4-4-33　刀具路径演示　　　　　　　　　图 4-4-34　"播放路径"对话框

(20) 单击【向前播放】按钮 ▶ ，系统演示路径轨迹。轨迹演示完毕后单击【文件】菜单下的【另存为 MCD】，系统弹出"后处理选项"菜单，选择"同时保存 CL 文件"→"详细"→"追踪"，如图 4-4-35 所示。

(21) 单击【输出】，系统弹出"保存副本"对话框，输入名称即可(只限字母和数字)。单击【确定】，系统弹出【菜单管理器】，如图 4-4-36 所示。选择一个后处理类型，系统弹出一窗口，按 Enter 键即可完成后处理的输出。到此为止，整个后处理操作就完成了。可以到保存文件里找到类型为 TAP 格式的文本，即为输出的后处理代码。

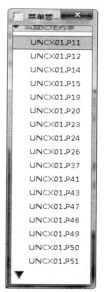

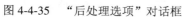

图 4-4-35 "后处理选项"对话框 　　图 4-4-36 【后处理类型】菜单

(22) 在当前工作目录下用【记事本】程序打开保存的 4.tap 文件，生成数控加工程序如图 4-4-37 所示。

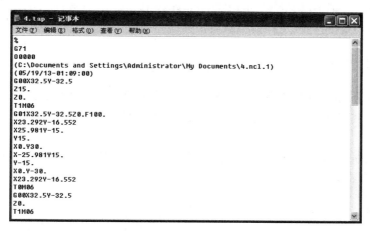

图 4-4-37 生成的数控加工程序

四、任务拓展

现今除了使用 Creo 进行线切割辅助编程以外，我们现在还可以使用 CAXA、HL、YH、HF 等线切割编程软件进行编程。现将几种软件的特点汇总如下：

1. CAXA 线切割编程软件

特点：可以完成绘图设计、加工代码生成、联机通信等功能，集图纸设计和代码编程于一体；针对不同的机床，可以设置不同的机床参数和特定的数控代码程序格式，同时还可以对生成的机床代码的正确性进行校核；具有丰富的后置处理能力，可以满足国内外任意机床对代码的要求；兼容国内其他的软件的数据，给用户提供更加灵活的处理方式；可以将电脑与机床直接联机,将加工代码发送到机床的控制器;软件提供了多种通信方式,以适应不同类型机床的要求。

目前,该软件几乎可以连接国内所有的机床,但有一缺陷是只可以编程,不可以控制线切割机床。

2. HL 线切割编程软件

特点:HL 控制器系统软件具有全中文提示;可一边加工,一边进行程序编辑或模拟加工;可同时控制多达四部机床做不同的工作;采用大规模 CMOS 存储器(62256/628128)来实现停电保护;系统接入客户的网络系统,可在网络系统中进行数据交换和监视各加工进程;用图形显示加工进程,并显示相对坐标 X、Y、J 和绝对坐标 X、Y、U、V 等变化数值;锥度加工应用了四轴/五轴联动技术,采用上下异形和简单输入角度两种锥度加工方式,可对基准面和丝架距作精确的校正计算及导轮切点补偿,使大锥度切割的精度大大优于同类软件。

3. YH 线切割编程软件

特点:建立在 PCDOS 平台上,利用先进的计算机图形和数控技术,集控制、编程为一体;采用双 CPU 结构,采用 ISO G 指令,兼容 3B 代码,五轴控制,可以实现 X、Y、U、V 之间的四轴联动及 X、Y、Z 之间的三轴联动方式。

YHC8.0 版加入了多次切割控制功能(中走丝控制功能),只要读入工件标准尺寸的加工代码,进行设定切割的高频及补偿参数后,系统可自动完成。

五、思考练习

六边形二维图形零件自动编程分析系统的解决对象包括线切割加工方法等问题。一般来说,需要先将零件的三维模型建好,其次确定加工方式,最后使用软件的自动加工功能进行仿真加工。

通过本任务的实践,读者可以掌握一般线切割加工类零件自动编程实施的一般步骤与流程。试完成如图 4-4-38 所示零件的自动编程加工。

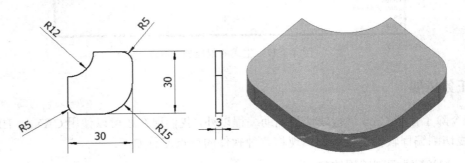

图 4-4-38　线切割图例

项目 5 CAD/CAM 综合训练

本项目主要是通过综合训练进一步巩固和提升学习者二维图形绘制、零件图建模、组装装配图和生成工程图的水平，最终掌握对产品进行设计、分析及制造的能力，给学习者创造较好的就业能力。这一模块与前面学习任务遥相呼应，有针对性进行训练，并遵循由易到难循序渐进的原则，本项目主要包括螺旋千斤顶、钻孔模、截止阀、回油阀、机用虎钳、安全阀、斜滑动轴承、夹紧卡爪、正滑动轴承、齿轮泵共十套题目。

知识链接

(1) 草图绘制：草图绘制是在草图环境中创建三维特征所需的二维截面，它是创建三维特征的一个重要的步骤，所有三维特征的创建都离不开草图的绘制，因此绘图人员必须掌握草图绘制的相关知识。具体操作详见项目一，二维图形草绘。

(2) 零件建模：零件建模常用到的建模方法有拉伸、旋转、扫描三种，同时还可以对特征进行倒圆角、倒角、拔模、抽壳等处理，此外，为了提高建模的效率还可以采用复制、镜像和阵列等方式对具有一定规律的特征进行建模。具体操作详见项目二，典型零件建模。

(3) 组建装配与工程图：建模并保存的机械零件可以使用 Creo 软件装配环境中的相关工具组建成部件，部件和零件进一步组装可以构成机器。用户还可以直接由三维零件模型投影得到需要的工程图，包括各种基本视图、剖视图、局部放大图和旋转视图。具体操作详见项目三，组建装配与工程图绘制。

(4) 计算机辅助制造：数控加工是机械加工中最常用的加工方法之一。Creo 提供了功能强大的自动编程模块，主要包括铣削、车削、线切割等自动编程加工的实现命令。使用这些命令可以完成平面、曲面、轮廓、槽和孔系等的加工。具体操作详见项目四：计算机辅助制造。

任务 1 千斤顶综合训练

一、任务描述

螺旋千斤顶依靠螺纹自锁来撑住重物，结构并不复杂，但其支撑重量较大。这种螺旋千斤顶的工作效率较低，上升慢，下降快。但结构轻巧坚固、灵活可靠，一人即可携带和操作。

本任务以螺旋千斤顶设计为例，按照零件图的具体尺寸进行草图绘制，实体造型，主要用到拉伸特征、基准平面特征、旋转特征等命令，再按照生成的零件图建模并完成装配体，最后根据螺旋千斤顶三维模型生成零件工程图，并有针对性的对 3 号零件螺杆进行零件加工。

二、任务实施

1. 绘制二维图形草图并建模

根据图 5-1-1 绘制千斤顶各零件的二维图形草图，然后建模，主要用到旋转特征、拉伸特征、基准平面特征和修饰螺纹等特征。

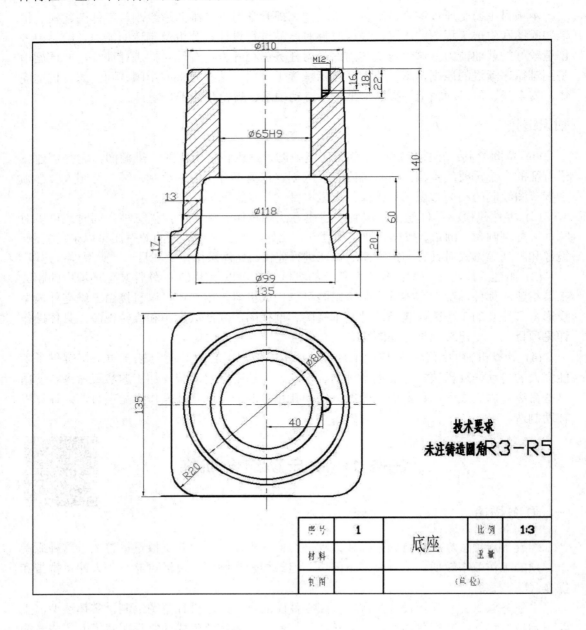

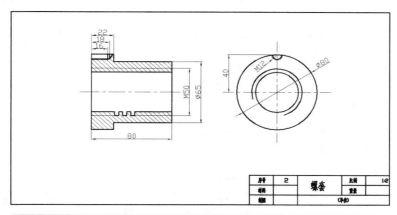

序号	2	螺套	比例	1:2
材料			重量	
制图			(单位)		

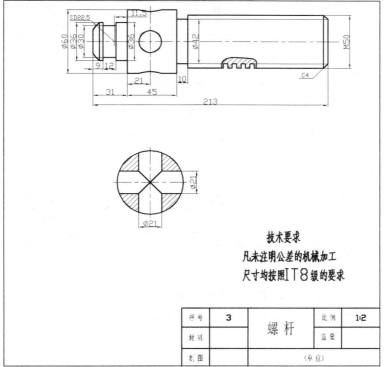

技术要求
凡未注明公差的机械加工
尺寸均按照IT8级的要求

序号	3	螺杆	比例	1:2
材料			重量	
索图			(单位)	

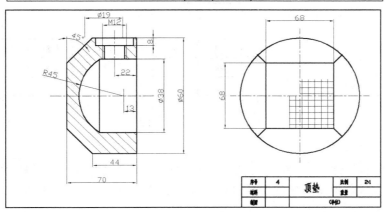

序号	4	顶垫	比例	2:1
材料			重量	
制图			(单位)	

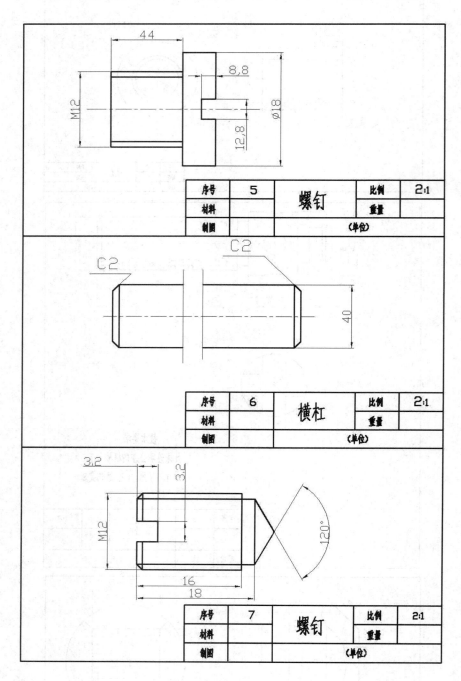

图 5-1-1　零件图二维图纸

2. 螺旋千斤顶装配图

螺旋千斤顶装配体,是由底座、螺套、螺杆、顶垫、螺钉(M12×16)、横杠、螺钉(M12×18)一共 7 个零件组成。根据给出的图样设计零件的实体模型,也可以直接从文件夹中调用已

完成的零件实体模型,最终完成螺旋千斤顶的装配,并保存装配文件。其装配图纸如图 5-1-2
所示。

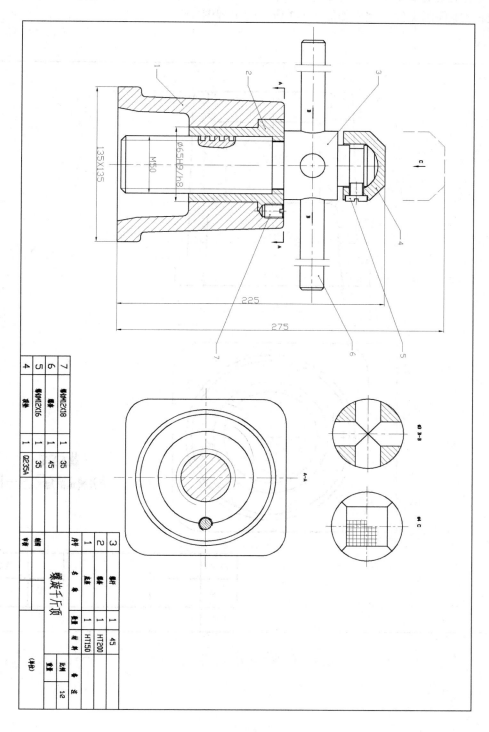

图 5-1-2 螺旋千斤顶装配图

3. 螺旋千斤顶底座工程图生成

根据生成的螺旋千斤顶的底座的实体生成工程图。螺旋千斤顶三维模型可以直接调用。最后保存零件图文件，完成如图 5-1-3 所示的工程图。

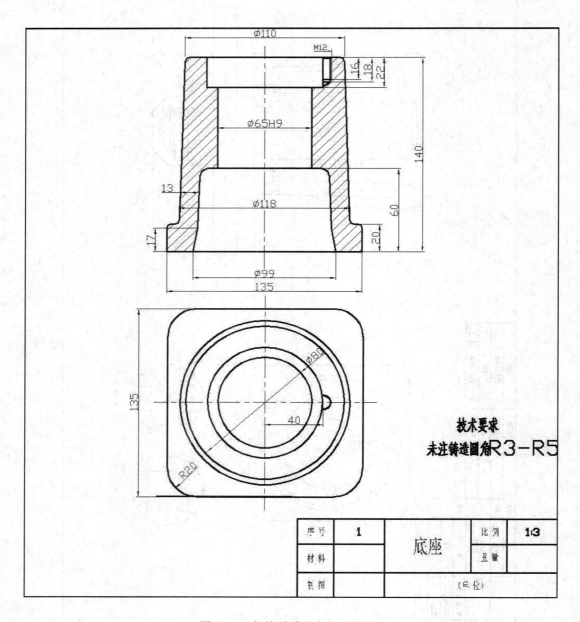

图 5-1-3　螺旋千斤顶底座二维图纸

4. 螺杆自动编程加工二维图形

根据数控车削加工工艺的要求，只编制车床部分程序。按照先粗后精的加工原则，首先通过粗加工去除大量的加工余量，适用 NC 模块中的区域车削功能完成，然后通过精加工达到图纸上的精度要求，适用 NC 模块中的轮廓车削完成。螺杆加工用的二维图纸如图 5-1-4 所示。

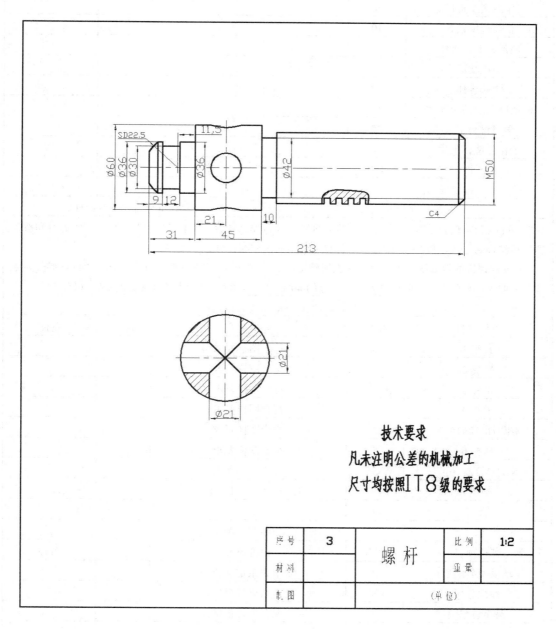

图 5-1-4 螺杆二维图纸

5. 评分标准

任务评价表

姓名		班级		分组		评价成绩	

过程评价表

评价项目	配分	个人评价	小组评价	教师评价	备注
工作态度及责任心	20				
合理使用设备	10				
规范、安全操作	10				
小组交流	10				
团队合作	10				
解决问题的关键能力	10				
学习材料记录	20				
工作环境、卫生	10				
合计	100				
占比成绩					
过程评价分:				过程评价分占比成绩: 50%	

说明: (1) 过程评价侧重于学生工作过程表现和职业素养的考察,采取学生自我评价、小组评价和教师评价相结合的方式,按 3:3:4 的比例,计算出学生的过程测评分。

(2) 过程评价的得分根据工作过程的表现确定,优秀得分为各项配分的 90%~100%,良好得分为各项配分的 80%~90%,一般得分为各项配分的 60%~80%,较差得分为各项配分的 0%~60%。

结果评价表一(草图和实体建模)

评价项目	配分	评价内容	得分	备注
底座 1	5	符合图样要求		
螺套 2	5	符合图样要求		
螺杆 3	5	符合图样要求		
顶垫 4	5	符合图样要求		
螺钉(M12×16) 5	5	符合图样要求		
横杠 6	5	符合图样要求		
螺钉(M12×16) 7	5	符合图样要求		
保存	5	环境正常、保存正常		
合计	40			

结果评价表二(组装装配图)

评价项目	配分	评价内容	得分	备注
运动模型装配质量	10	联结关系定义合理		
参数分析	8	分析结果符合预期		
保存装配图	2	保存位置正确		
合计	20			

续表

结果评价表三(螺旋千斤顶底座工程图生成)				
评价项目	配分	评价内容	得分	备注
投影生成零件图	10	符合图样要求		
导出尺寸标注	8	符合图样要求		
保存零件图	2	正确保存		
合计	20			
结果评价表四(螺杆自动编程加工零件)				
评价项目	配分	评价内容	得分	备注
设置加工环境	5	工件、机床设置正确		
设置刀具参数	5	刀具参数设置正确		
加工参数	5	加工参数正确		
生成数控程序	3	程序正确无误		
保存程序	2	保存格式及位置正确		
合计	20			
结果评价分：		结果评价分占比成绩：50%		

说明：(1) 结果评价成绩由指导教师根据工作任务的完成情况给出。

(2) 结果评价成绩以小组给出，小组成绩即为个人成绩，其目的为促进学生的责任心和团队合作精神。

评语：

指导教师_____

说明：工作评价由过程评价和结果评价两方面组成，过程评价成绩和结果评价成绩各占总评分的 50%。

三、任务拓展

仿真与模拟软件是建立真实系统的计算机模型，利用模型来分析系统的行为，以预测产品的性能、产品的制造过程和可制造性，试针对螺旋千斤顶进行仿真模拟，从而对仿真与模拟功能得以熟悉。观察螺杆、底座、螺套等之间的运动关系是否合理。

任务 2　钻孔模综合训练

一、任务描述

钻孔模的结构特点除了有工件的定位、夹紧装置外，还有根据被加工孔的位置分布而设置的钻套和钻模板，用以确定刀具的位置，并防止刀具在加工过程中倾斜，从而保证被加工孔的位置精度。本任务以 120° 钻孔模设计为例，按照零件图的具体尺寸进行草图绘制，实体造型，主要用到拉伸特征、基准平面特征、旋转特征等命令，再按照生成的零件图建模并完成装配体，最后根据钻模板三维模型生成零件工程图，并有针对性的对 6 号零件轴进行零件加工。

二、任务实施

1. 绘制二维图形草图并建模

根据图 5-2-1 绘制以下各零件的二维图形草图，然后建模，主要用到旋转特征、拉伸特征和基准平面特征、阵列特征、修饰螺纹等特征。

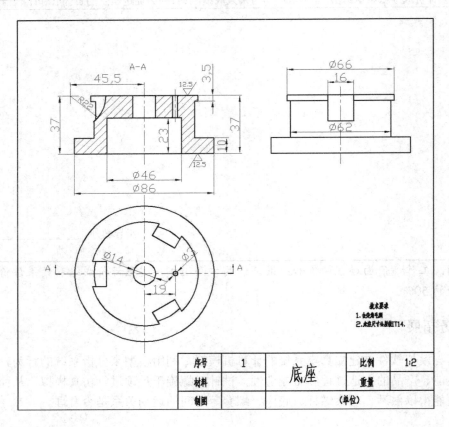

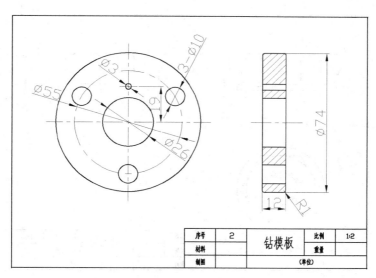

序号	2	钻模板	比例	1:2
材料			重量	
制图		(单位)		

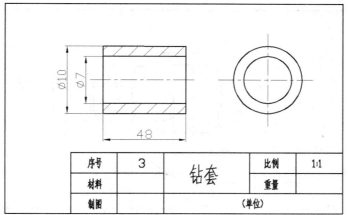

序号	3	钻套	比例	1:1
材料			重量	
制图		(单位)		

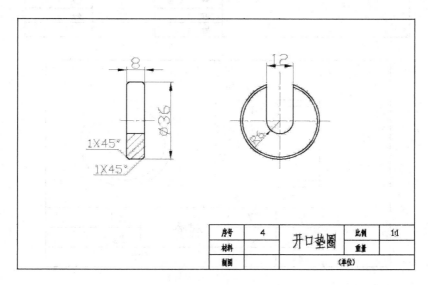

序号	4	开口垫圈	比例	1:1
材料			重量	
制图		(单位)		

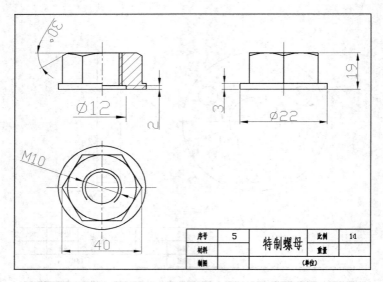

序号	5	特制螺母	比例	1:1
材料			重量	
制图		(单位)		

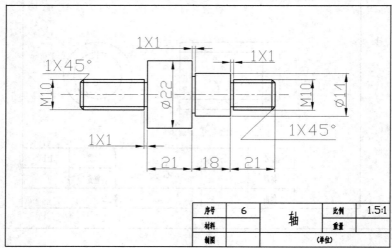

序号	6	轴	比例	1.5:1
材料			重量	
制图		(单位)		

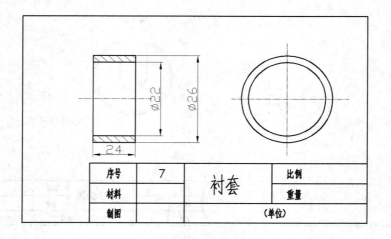

序号	7	衬套	比例	
材料			重量	
制图		(单位)		

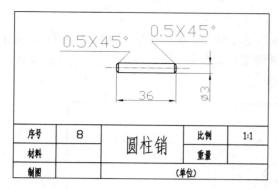
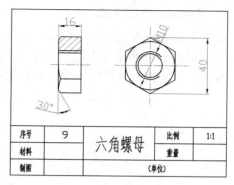

图 5-2-1 零件图二维图纸

2. 120°钻模板装配图

120°钻孔模是一个相对简单的装配体，是由底座、钻模板、钻套、开口垫圈、特制螺母、轴、衬套、圆柱销、六角螺母共 9 个零件组成。根据给出的图样设计零件的实体模型，也可以直接从文件夹中调用已完成的零件实体模型。最终完成 120°钻孔模的装配，并保存装配文件。120°钻孔模装配图纸如图 5-2-2 所示。

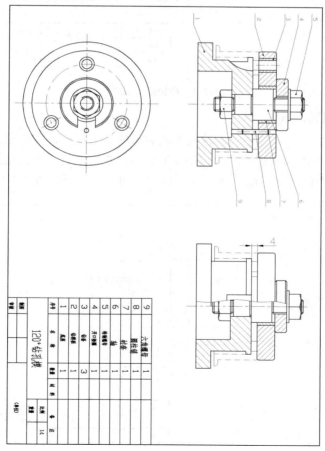

图 5-2-2　120°钻孔模装配图

3. 钻模板工程图生成

根据生成的钻模板零件工程图的实例来熟悉 Creo 环境下的零件图的绘制过程、尺寸标注和要求以及编辑处理的方法。钻模板三维模型可以直接调用。最后保存零件图文件，完成工程图。钻模板二维图纸如图 5-2-3 所示。

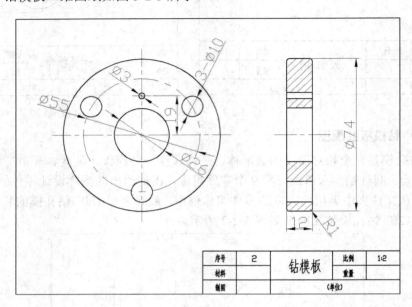

图 5-2-3　钻模板二维图纸

4. 轴自动编程加工图形

根据数控车削加工工艺的要求，按照先粗后精的加工原则，首先通过粗加工去除大量的加工余量，适用 NC 模块中的区域车削功能完成，然后通过精加工达到图纸上的精度要求，适用 NC 模块中的轮廓车削完成。具体轴加工的二维图纸如图 5-2-4 所示。

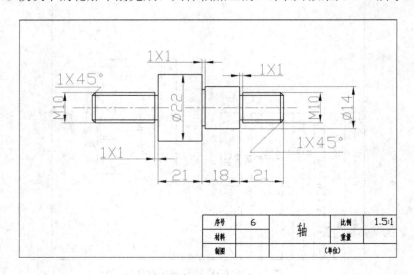

图 5-2-4　轴二维图纸

5. 评分标准

任务评价表

姓名		班级		分组		评价成绩	
过程评价表							
评价项目	配分	个人评价		小组评价	教师评价		备注
工作态度及责任心	20						
合理使用设备	10						
规范、安全操作	10						
小组交流	10						
团队合作	10						
解决问题的关键能力	10						
学习材料记录	20						
工作环境、卫生	10						
合计	100						
占比成绩							
过程评价分：				过程评价分占比成绩：50%			

说明：(1) 过程评价侧重于学生工作过程表现和职业素养的考察，采取学生自我评价、小组评价和教师评价相结合的方式，按 3:3:4 的比例，计算出学生的过程测评分。

(2) 过程评价的得分根据工作过程的表现确定，优秀得分为各项配分的 90%～100%，良好得分为各项配分的 80%～90%，一般得分为各项配分的 60%～80%，较差得分为各项配分的 0%～60%。

结果评价表一(草图和实体建模)

评价项目	配分	评价内容	得分	备注
底座 1	5	符合图样要求		
钻模板 2	5	符合图样要求		
钻套 3	5	符合图样要求		
开口垫圈 4	3	符合图样要求		
特制螺母 5	5	符合图样要求		
轴 6	5	符合图样要求		
衬套 7	5	符合图样要求		
圆柱销 8	5	符合图样要求		
六角螺母 9	4	符合图样要求		
保存	3	环境正常、保存正常		
合计	40			

结果评价表二(组装装配图)

评价项目	配分	评价内容	得分	备注
运动模型装配质量	10	联结关系定义合理		
参数分析	8	分析结果符合预期		
保存装配图	2	保存位置正确		
合计	20			

结果评价表三(钻模板工程图生成)				
评价项目	配分	评价内容	得分	备注
投影生成零件图	10	符合图样要求		
导出尺寸标注	8	符合图样要求		
保存零件图	2	正确保存		
合计	20			
结果评价表四(轴自动编程加工零件)				
评价项目	配分	评价内容	得分	备注
设置加工环境	5	工件、机床设置正确		
设置刀具参数	5	刀具参数设置正确		
加工参数	5	加工参数正确		
生成数控程序	3	程序正确无误		
保存程序	2	保存格式及位置正确		
合计	20			
结果评价分:		结果评价分占比成绩：50%		
说明：(1) 结果评价成绩由指导教师根据工作任务的完成情况给出。 (2) 结果评价成绩以小组给出，小组成绩即为个人成绩，其目的为促进学生工作的责任心和团队合作的精神。				
评语：				

指导教师_____

说明：工作评价由过程评价和结果评价两方面组成，过程评价成绩和结果评价成绩各占总评分的50%。

三、任务拓展

机械零件常会遇到受力变形，变形量过大会导致机构失效，零件设计过程中需要考虑受力情况。传统受力强度校核公式繁多、计算复杂，花费时间长、容易出错，且对于创新设计往往缺乏参考经验公式。借助于软件对零件定义有限参数，可以很快地近似模拟实际受力变形情况。试利用 Pro/Engineer 的 Mechanica(有限元分析技术)对轴6号零件进行有限元分析。

任务3　截止阀综合训练

一、任务描述

截止阀也叫截门，是使用最广泛的一种阀门，由于其开闭过程中密封面之间摩擦力小、比较耐用、开启高度不大、制造容易、维修方便，不仅适用于中低压，而且适用于高压。截止阀的闭合原理是依靠阀杆压力，使阀瓣密封面与阀座密封面紧密贴合，阻止介质流通。

　　本任务以截止阀设计为例，按照零件图的具体尺寸进行草图绘制，实体造型，主要用到拉伸特征、基准平面特征、旋转特征、倒角特征等命令，再按照生成的零件图建模并完成装配体，最后根据钻模板三维模型生成零件工程图，并有针对性的对 3 号零件阀杆进行了零件加工。

二、任务实施

1. 绘制二维图形草图并建模

　　根据图 5-3-1 绘制截止阀各零件的二维图形草图，然后建模，主要用到旋转特征、拉伸特征、基准平面特征、倒角特征和修饰螺纹等特征。

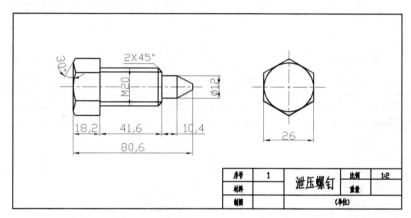

序号	1	泄压螺钉	比例	1:2
材料			重量	
制图			(单位)	

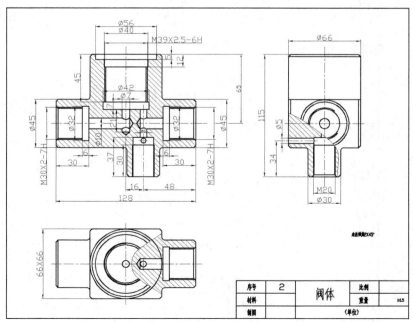

序号	2	阀体	比例	
材料			重量	1:5
制图			(单位)	

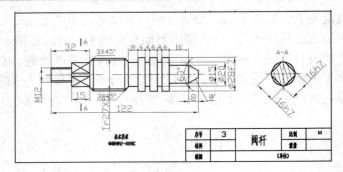

序号	3	阀杆	比例	1:1
材料			重量	
制图			(单位)	

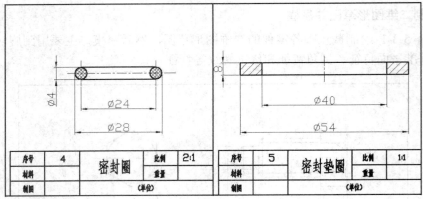

序号	4	密封圈	比例	2:1
材料			重量	
制图			(单位)	

序号	5	密封垫圈	比例	1:1
材料			重量	
制图			(单位)	

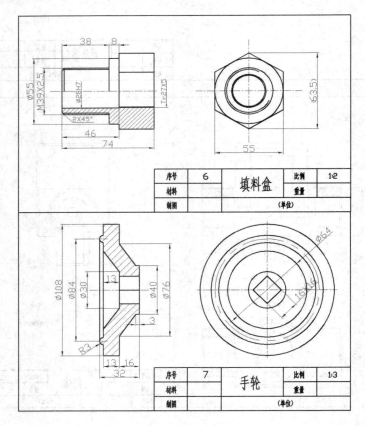

序号	6	填料盒	比例	1:2
材料			重量	
制图			(单位)	

序号	7	手轮	比例	1:3
材料			重量	
制图			(单位)	

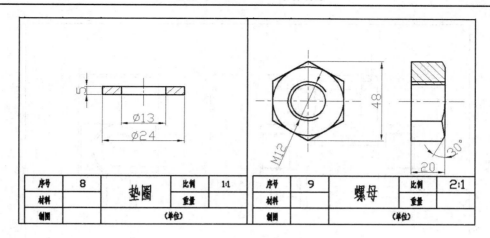

图 5-3-1　零件图二维图纸

2. 截止阀装配图

截止阀装配体是由液压螺钉、阀体、阀杆、密封圈、密封垫圈、填料盒、手轮、垫片、螺母(M12)共 9 个零件组成。根据给出的图样设计零件的实体模型，也可以直接从文件夹中调用已完成的零件实体模型。最终完成截止阀的装配，并保存装配文件。具体截止阀装配图纸如图 5-3-2 所示。

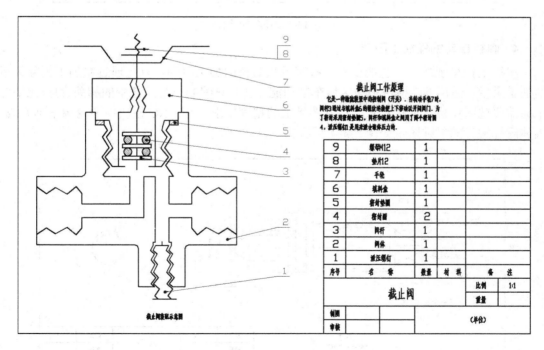

图 5-3-2　截止阀装配示意图

3. 截止阀阀体工程图生成

根据截止阀阀体的实体生成二维工程图，并完成尺寸标注，字号要求 5 号字。阀体三维模型可以直接调用。最后保存零件图文件，完成工程图。截止阀阀体二维图纸如图 5-3-3 所示。

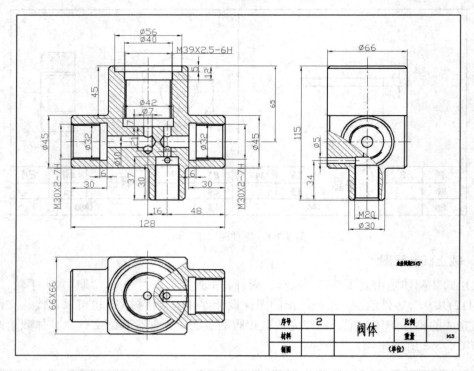

图 5-3-3　阀体二维图纸

4. 阀杆自动编程加工图形

　　根据数控车削加工工艺的要求，按照先粗后精的加工原则，首先通过粗加工去除大量的加工余量，适用 NC 模块中的区域车削功能完成，只编制车削工艺中的相关程序(比如像平面需要铣床)，然后通过精加工达到图纸上的精度要求，适用 NC 模块中的轮廓车削完成。具体阀杆加工的二维图纸如图 5-3-4 所示。

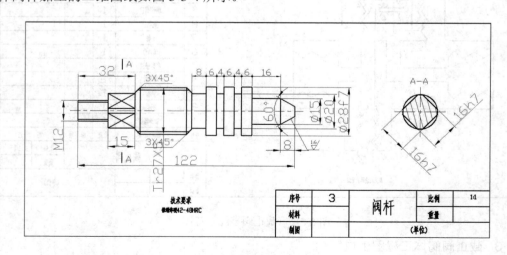

图 5-3-4　阀杆二维图纸

5. 评分标准

任务评价表

姓名		班级		分组		评价成绩	
过程评价表							
评价项目	配分	个人评价	小组评价	教师评价		备注	
工作态度及责任心	20						
合理使用设备	10						
规范、安全操作	10						
小组交流	10						
团队合作	10						
解决问题的关键能力	10						
学习材料记录	20						
工作环境、卫生	10						
合计	100						
占比成绩							
过程评价分：				过程评价分占比成绩：50%			

说明：(1) 过程评价侧重于学生工作过程表现和职业素养的考察，采取学生自我评价、小组评价和教师评价相结合的方式，按 3:3:4 的比例，计算出学生的过程测评分。

(2) 过程评价的得分根据工作过程的表现确定，优秀得分为各项配分的 90%～100%，良好得分为各项配分的 80%～90%，一般得分为各项配分的 60%～80%，较差得分为各项配分的 0%～60%。

结果评价表一(草图和实体建模)

评价项目	配分	评价内容	得分	备注
液压螺钉 1	5	符合图样要求		
阀体 2	5	符合图样要求		
阀杆 3	5	符合图样要求		
密封圈 4	5	符合图样要求		
密封垫片 5	3	符合图样要求		
填料盒 6	5	符合图样要求		
手轮 7	5	符合图样要求		
垫片 8	3	符合图样要求		
螺母 M12 9	4	符合图样要求		
保存	5	环境正常、保存正常		
合计	40			

结果评价表二(组装装配图)

评价项目	配分	评价内容	得分	备注
运动模型装配质量	10	联结关系定义合理		
参数分析	8	分析结果符合预期		
保存装配图	2	保存位置正确		
合计	20			

结果评价表三(截止阀阀体工程图生成)

评价项目	配分	评价内容	得分	备注
投影生成零件图	10	符合图样要求		
导出尺寸标注	8	符合图样要求		
保存零件图	2	正确保存		
合计	20			

结果评价表四(阀杆自动编程加工零件)

评价项目	配分	评价内容	得分	备注
设置加工环境	5	工件、机床设置正确		
设置刀具参数	5	刀具参数设置正确		
加工参数	5	加工参数正确		
生成数控程序	3	程序正确无误		
保存程序	2	保存格式及位置正确		
合计	20			

结果评价分：	结果评价分占比成绩：50%

说明：(1) 结果评价成绩由指导教师根据工作任务的完成情况打出。

(2) 结果评价成绩以小组打出，小组成绩即为个人成绩，其目的为促进学生工作的责任心和团队合作的精神。

评语：

指导教师＿＿＿＿＿

说明：工作评价由过程评价和结果评价两方面组成，过程评价成绩和结果评价成绩各占总评分的 50%。

三、任务拓展

三维测量作为一种高精密的检测技术，由于其自动化和智能化程度不断提高，已经被广泛地应用在机械、电子、汽车、和航空等领域各类零部件的自动检测中。通过与 CAD/CAM 集成，能直接由相应的 CAD 接口从工件设计模型上获取相关检测信息，从而根据相应的检测任务自动生成检测点和和检测路径，然后对路径进行碰撞检查，运动仿真演示。没有碰撞后，形成符合尺寸测量接口标准的程序代码传送到 CMM。学习者可以思考探索一下在 CAD 集成了该功能的 CAIP 的高智能和自动的基础上对工件自动测量的相关知识的探究。

任务 4　回油阀综合训练

一、任务描述

　　回油阀也叫压力控制阀，又叫溢流阀。在液压设备中主要起定压溢流作用和安全保护作用。

　　本任务以回油阀设计为例，按照零件图的具体尺寸进行草图绘制，实体造型，主要用到拉伸特征、基准平面特征、旋转特征、孔特征、倒角特征等命令，最终按照生成的零件图建模并完成装配体，最后根据钻模板三维模型对阀盖 5 生成零件工程图，并有针对性的对 5 号零件阀盖进行零件加工。

二、任务实施

1. 绘制二维图形草图并建模

　　根据图 5-4-1 绘制回油阀各零件的二维图形草图，然后建模，主要用到旋转特征、拉伸特征、基准平面特征、阵列特征和修饰螺纹等特征。

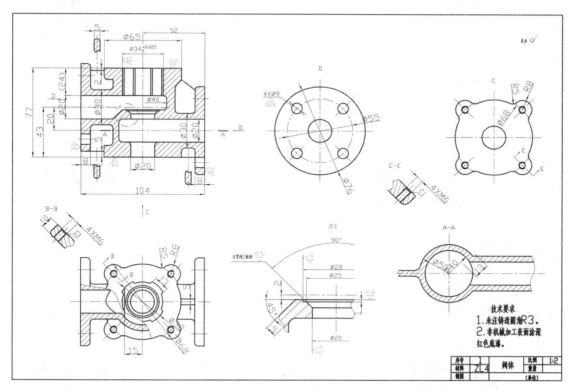

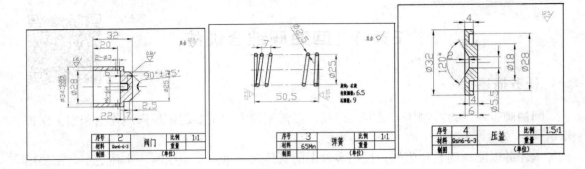

序号	2	阀门	比例	1:1
材料	Qsn6-6-3		重量	
制图			(单位)	

序号	3	弹簧	比例	1:1
材料	65Mn		重量	
制图			(单位)	

序号	4	压盖	比例	1.5:1
材料	Qsn6-6-3		重量	
制图			(单位)	

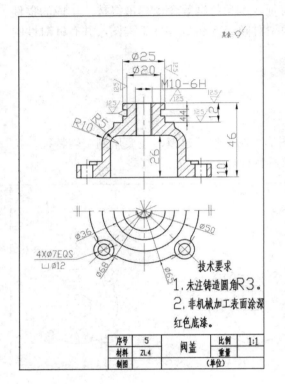

技术要求

1. 未注铸造圆角R3。

2. 非机械加工表面涂深红色底漆。

序号	5	阀盖	比例	1:1
材料	ZL4		重量	
制图			(单位)	

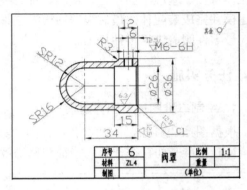

序号	6	阀罩	比例	1:1
材料	ZL4		重量	
制图			(单位)	

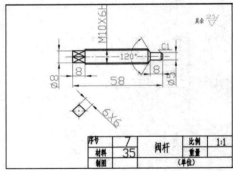

序号	7	阀杆	比例	1:1
材料	35		重量	
制图			(单位)	

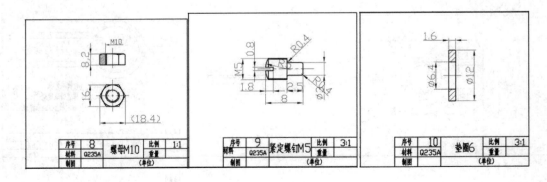

序号	8	螺母M10	比例	1:1
材料	Q235A		重量	
制图			(单位)	

序号	9	紧定螺钉M5	比例	3:1
材料	Q235A		重量	
制图			(单位)	

序号	10	垫圈6	比例	3:1
材料	Q235A		重量	
制图			(单位)	

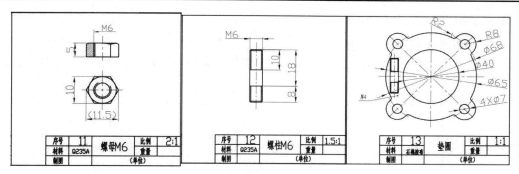

图 5-4-1   回油阀零件图二维图纸

2. 回油阀装配图

回油阀装配体，是由阀体、阀门、弹簧、压盖、阀盖、阀罩、阀杆、螺母(M10)、紧定螺钉(M5×8)、垫圈、螺母(M6)、螺柱 AM6×18、垫片共 13 个零件组成。 根据给出的图样设计零件的实体模型，也可以直接从文件夹中调用已完成的零件实体模型。最终完成截止阀的装配，并保存装配文件。回油阀装配图纸如图 5-4-2 所示。

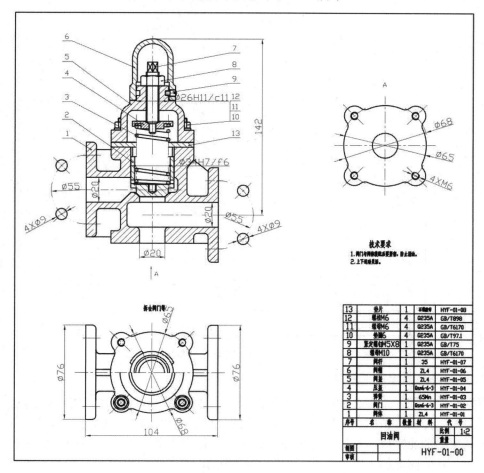

图 5-4-2   回油阀装配示意图

3．回油阀阀盖工程图生成

根据回油阀阀盖的实体生成二维工程图，并完成尺寸标注，字号要求 5 号字。回油阀阀盖三维模型可以直接调用。最后保存零件图文件，完成工程图。回油阀阀盖二维图纸如图 5-4-3 所示。

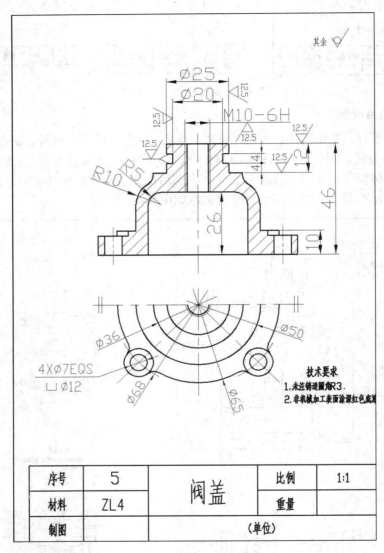

图 5-4-3　回油阀阀盖二维图纸

4．阀盖自动编程加工图形

根据数控车削加工工艺的要求，分析图纸，一般铸造出阀盖模型只需对一些工作面进行车。削按照先粗后精的加工原则，首先通过粗加工去除大量的加工余量，适用 NC 模块中的区域车削功能完成，然后通过精加工达到图纸上的精度要求，适用 NC 模块中的轮廓车削完成。具体阀盖加工的二维图纸如图 5-4-3 所示。

5．评分标准

任务评价表

姓名		班级		分组		评价成绩	
过程评价表							
评价项目	配分	个人评价		小组评价	教师评价		备注
工作态度及责任心	20						
合理使用设备	10						
规范、安全操作	10						
小组交流	10						
团队合作	10						
解决问题的关键能力	10						
学习材料记录	20						
工作环境、卫生	10						
合计	100						
占比成绩							
过程评价分：				过程评价分占比成绩：50%			

说明：(1) 过程评价侧重于学生工作表现和职业素养的考察，采取学生自我评价、小组评价和教师评价相结合的方式，按 3:3:4 的比例，计算出学生的过程测评分。

(2) 过程评价的得分根据工作过程的表现确定，优秀得分为各项配分的 90%～100%，良好得分为各项配分的 80%～90%，一般得分为各项配分的 60%～80%，较差得分为各项配分的 0%～60%。

结果评价表一(草图和实体建模)

评价项目	配分	评价内容	得分	备注
阀体 1	4	符合图样要求		
阀门 2	3	符合图样要求		
弹簧 3	2	符合图样要求		
压盖 4	4	符合图样要求		
阀盖 5	5	符合图样要求		
阀罩 6	4	符合图样要求		
阀杆 7	4	符合图样要求		
螺母 M10 8	2	符合图样要求		
紧定螺钉 M5×8 9	2	符合图样要求		
垫圈 10	2	符合图样要求		
螺母 M6	3	符合图样要求		
螺柱 AM6×18	2	符合图样要求		
垫片	2	符合图样要求		
保存	1	环境正常、保存正常		
合计	40			

结果评价表二(组装装配图)

评价项目	配分	评价内容	得分	备注
运动模型装配质量	10	联结关系定义合理		
参数分析	8	分析结果符合预期		
保存装配图	2	保存位置正确		
合计	20			

结果评价表三(回油阀阀盖工程图生成)

评价项目	配分	评价内容	得分	备注
投影生成零件图	10	符合图样要求		
导出尺寸标注	8	符合图样要求		
保存零件图	2	正确保存		
合计	20			

结果评价表四(阀盖自动编程加工零件)

评价项目	配分	评价内容	得分	备注
设置加工环境	5	工件、机床设置正确		
设置刀具参数	5	刀具参数设置正确		
加工参数	5	加工参数正确		
生成数控程序	3	程序正确无误		
保存程序	2	保存格式及位置正确		
合计	20			

结果评价分：	结果评价分占比成绩：50%

说明：(1) 结果评价成绩由指导教师根据工作任务的完成情况给出。

(2) 结果评价成绩以小组给出，小组成绩即为个人成绩，其目的为促进学生工作的责任心和团队合作的精神。

评语：

指导教师_____

　　说明：工作评价由过程评价和结果评价两方面组成，过程评价成绩和结果评价成绩各占总评分的50%。

三、任务拓展

　　逆向工程也称之为反求工程，是利用已经存在的产品零件原型，再通过某种测量手段对实物或模型进行测量，得出几何数据，然后采用三维几何建模的方法重构实物的 CAD 模型，在此基础上对已有的产品进行剖析、改进，也可以对已经设计出的产品进行再设计指导，从而设计出满意的实体的一个过程。随着 CAD/CAM 技术在制造技术领域的广泛应用，特别是其数字化的测量技术，为逆向技术的发展奠定了很好的技术。学习者可以利用三坐标测量机等不同的方法得到表面的数据，经过 CAD 技术获得产品的三维模型，然后通过 CAM 系统完成对产品的验证、优化、制作。可以用 5 号零件图阀盖为例，进行拓展训练。

任务 5　机用虎钳综合训练

一、任务描述

机用虎钳又叫机用平口钳，是配合机床加工时用于夹紧加工工件的一种机床附件。经常应用在中型铣床、钻床以及平面磨床等机械设备。工作原理是用扳手转动丝杠，通过丝杠螺母带动活动钳身移动，形成对工件的加紧与松开。

本任务以机用虎钳设计为例，按照零件图的具体尺寸进行草图绘制，实体造型，主要用到拉伸特征、基准平面特征、旋转特征、倒角特征、修饰螺纹等命令，最终按照生成的零件图建模并完成装配体，最后根据钻模板三维模型对固定钳身 7 生成零件工程图，并有针对性地对 11 号零件螺杆进行零件加工。

二、任务实施

1. 绘制二维图形草图并建模

根据图 5-1-1 绘制机用虎钳零件的二维图形草图，然后建模，主要用到旋转特征、拉伸特征基准平面特征、修饰螺纹和倒角特征等特征。

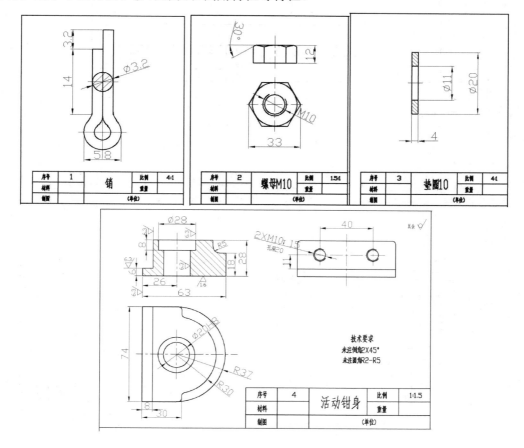

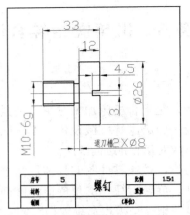

序号	5	螺钉	比例	1.5:1
材料			重量	
制图		(单位)		

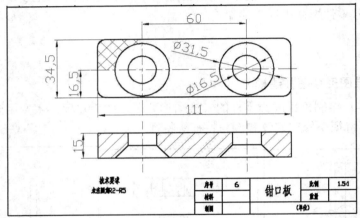

技术要求
未注圆角R2-R5

序号	6	钳口板	比例	1.5:1
材料			重量	
制图		(单位)		

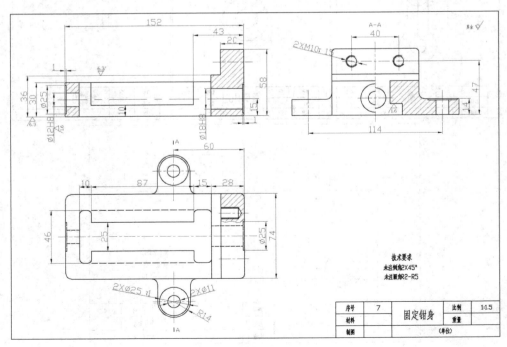

技术要求
未注倒角2X45°
未注圆角R2-R5

序号	7	固定钳身	比例	1:1.5
材料			重量	
制图		(单位)		

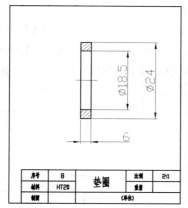

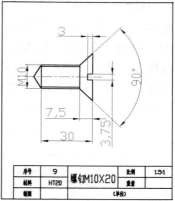

序号	8	垫圈	比例	2:1
材料	HT20		重量	
制图			(单位)	

序号	9	螺钉M10X20	比例	1.5:1
材料	HT20		重量	
制图			(单位)	

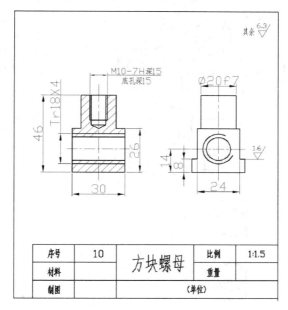

序号	10	方块螺母	比例	1:1.5
材料			重量	
制图			(单位)	

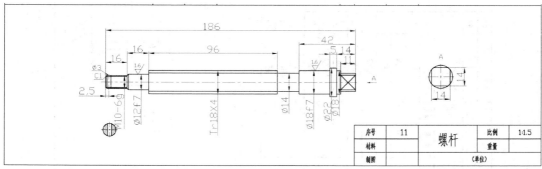

序号	11	螺杆	比例	1:1.5
材料			重量	
制图			(单位)	

图 5-5-1 零件图二维图纸

2. 机用虎钳装配图

机用虎钳装配体，是由销、螺母(M10)、垫圈(10)、活动钳身、螺钉、钳口板、固定钳身、垫圈、螺母(M10×20)、方块螺母、螺杆共 11 个零件组成。 根据给出的图样设计零件的实体模型，也可以直接从文件夹中调用已完成的零件实体模型。最终完成机用虎钳的装配，并保存装配文件。机用虎钳装配图纸如图 5-5-2 所示。

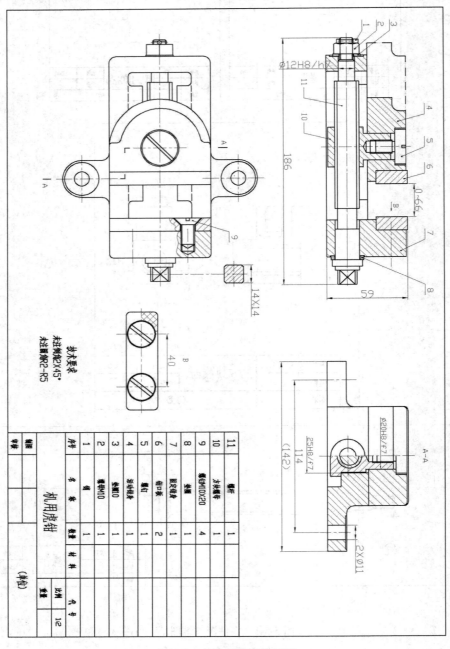

图 5-5-2   机用虎钳装配图

3. 机用虎钳螺杆工程图生成

根据机用虎钳螺杆实体生成二维工程图，并完成尺寸标注，字号要求 5 号字。螺杆三维模型可以直接调用。最后保存零件图文件，完成工程图。具体螺杆二维图纸如图 5-5-3 所示。

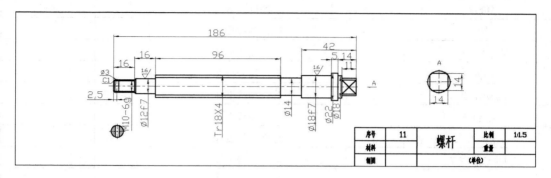

图 5-5-3　螺杆二维图纸

4. 螺杆自动编程加工图形

根据数控车削加工工艺的要求，编制数控加工程序，除平面加工外，按照先粗后精的加工原则，首先通过粗加工去除大量的加工余量，适用 NC 模块中的区域车削功能完成。然后通过精加工达到图纸上的精度要求，适用 NC 模块中的轮廓车削完成。具体螺杆加工的二维图纸如图 5-5-3 所示。

5. 评分标准

任务评价表

姓名		班级		分组		评价成绩	
过程评价表							
评价项目	配分	个人评价		小组评价		教师评价	备注
工作态度及责任心	20						
合理使用设备	10						
规范、安全操作	10						
小组交流	10						
团队合作	10						
解决问题的关键能力	10						
学习材料记录	20						
工作环境、卫生	10						
合计	100						
占比成绩							
过程评价分：				过程评价分占比成绩：50%			
说明：(1) 过程评价侧重于对学生工作表现和职业素养的考察，采取学生自我评价、小组评价和教师评							

价相结合的方式，按 3:3:4 的比例，计算出学生的过程测评分。

(2) 过程评价的得分根据工作过程的表现确定，优秀得分为各项配分的 90%～100%，良好得分为各项配分的 80%～90%，一般得分为各项配分的 60%～80%，较差得分为各项配分的 0%～60%。

结果评价表一(草图和实体建模)

评价项目	配分	评价内容	得分	备注
销 1	3	符合图样要求		
螺母 M10　2	3	符合图样要求		
垫圈 3	3	符合图样要求		
活动钳身 4	4	符合图样要求		
螺钉 5	2	符合图样要求		
钳口板 6	3	符合图样要求		
固定钳身 7	6	符合图样要求		
垫圈 8	2	符合图样要求		
螺钉 M10×20 9	2	符合图样要求		
方块螺母 10	3	符合图样要求		
螺杆 M6 11	5	符合图样要求		
保存	1	环境正常、保存正常		
合计	40			

结果评价表二(组装装配图)

评价项目	配分	评价内容	得分	备注
运动模型装配质量	10	联结关系定义合理		
参数分析	8	分析结果符合预期		
保存装配图	2	保存位置正确		
合计	20			

结果评价表三(机用虎钳螺杆工程图生成)

评价项目	配分	评价内容	得分	备注
投影生成零件图	10	符合图样要求		
导出尺寸标注	8	符合图样要求		
保存零件图	2	正确保存		
合计	20			

结果评价表四(螺杆自动编程加工零件)

评价项目	配分	评价内容	得分	备注
设置加工环境	5	工件、机床设置正确		
设置刀具参数	5	刀具参数设置正确		
加工参数	5	加工参数正确		
生成数控程序	3	程序正确无误		

保存程序	2	保存格式及位置正确		
合计	20			
结果评价分：			结果评价分占比成绩：50%	

说明：(1) 结果评价成绩由指导教师根据工作任务的完成情况给出。

(2) 结果评价成绩由小组给出，小组成绩即为个人成绩，其目的为促进学生工作的责任心和团队合作的精神。

评语：

指导教师＿＿＿＿＿＿＿＿

说明：工作评价由过程评价和结果评价两方面组成，过程评价成绩和结果评价成绩各占总评分的 50%。

三、任务拓展

图形交互式自动编程的方法是以 CAD 软件为基础，借助 CAD 的软件造型、编辑等功能来生成零件的几何模型，然后利用数控模块，采用人机交互的方式来确定零件的加工工艺，最后由计算机自动生成 NC 程序。大部分 CAD/CAM 软件都有动态加工过程仿真功能。一般需要对零件进行加工工艺分析；借助 CAD 模块进行造型；在人机交互环境下，自动进行倒角轨迹计算及生成；针对不同的数控控制系统进行后置处理；最后自动生成 NC 程序，并输出。学习者可以根据零件图 11 进行拓展练习。

任务 6   安全阀综合训练

一、任务描述

安全阀是阀门家族比较特殊的一个分支，它的特殊性是因为安全阀为不同于其他阀门仅仅起到开关的作用，更重要的是要保护设备的安全。 安全阀在启闭件受外力作用下处于常闭状态，当设备或管道内的介质压力升高超过规定值时，是通过向系统外排放介质，来防止管道或设备内介质压力超过规定数值的特殊阀门。

本任务以安全阀设计为例，按照零件图的具体尺寸进行草图绘制，实体造型，主要用到拉伸特征、基准平面特征、旋转特征等命令，再按照生成的零件图建模并完成装配体，最后根据安全阀三维模型生成零件工程图，并有针对性的对 9 号零件阀盖进行了零件加工。

二、任务实施

1. 绘制二维图形草图并建模

根据图 5-6-1 绘制安全阀各零件的二维图形草图，然后建模，主要用到旋转特征、拉伸特征、基准平面特征和修饰螺纹等特征。

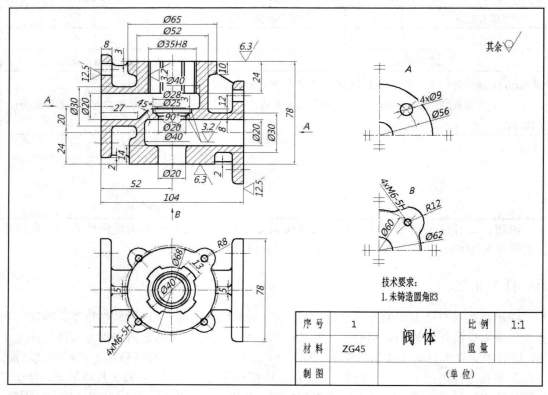

技术要求:
1. 未铸造圆角R3

序号	1		比例	1:1
		阀体		
材料	ZG45		重量	
制图			(单位)	

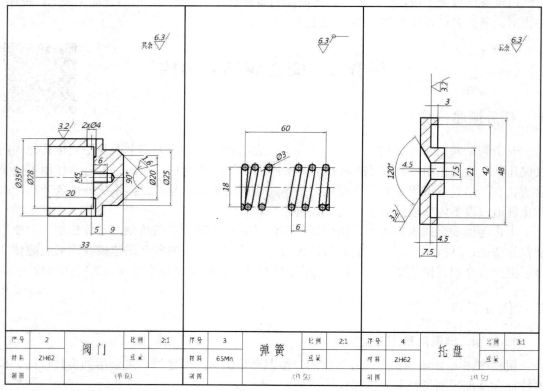

序号	2	阀门	比例	2:1	序号	3	弹簧	比例	2:1	序号	4	托盘	比例	3:1
材料	ZH62		重量		材料	65Mn		重量		材料	ZH62		重量	
制图		(单位)			制图		(单位)			制图		(单位)		

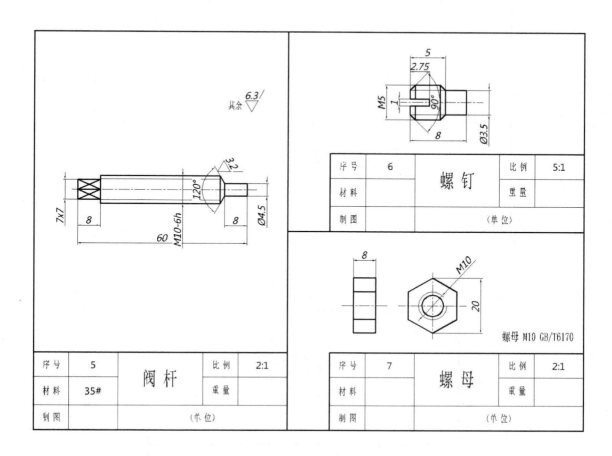

其余 6.3/▽

序号	5	阀杆	比例	2:1
材料	35#		重量	
制图		(单位)		

序号	6	螺钉	比例	5:1
材料			重量	
制图		(单位)		

螺母 M10 GB/T6170

序号	7	螺母	比例	2:1
材料			重量	
制图		(单位)		

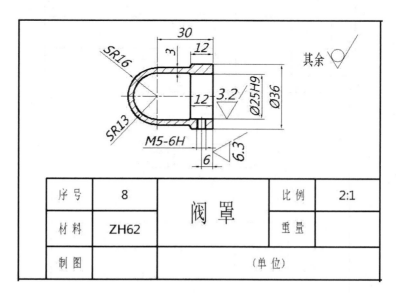

其余 ▽

序号	8	阀罩	比例	2:1
材料	ZH62		重量	
制图		(单位)		

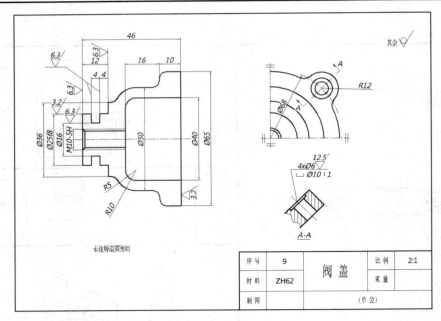

序 号	9		阀 盖	比 例	2:1
材 料	ZH62			重 量	
制 图				(单位)	

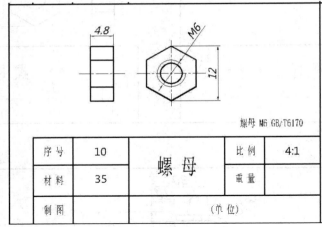

螺母 M6 GB/T6170

序 号	10	螺 母	比 例	4:1
材 料	35		重 量	
制 图			(单位)	

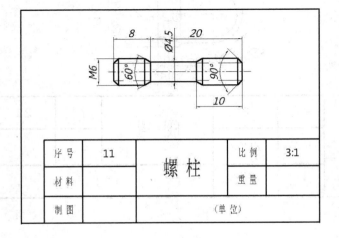

序 号	11	螺 柱	比 例	3:1
材 料			重 量	
制 图			(单位)	

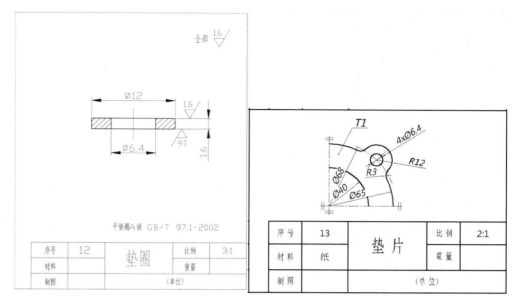

图 5-6-1　零件图二维图纸

2. 安全阀装配图

安全阀装配体，是由阀体、阀门、弹簧、托盘、阀杆、螺钉(M5×8)、螺母(M10)、阀罩、阀盖、螺母(M6)、螺柱、垫圈(6)、垫片一共 13 个零件组成。 根据给出的图样设计零件的实体模型，也可以从文件夹中调用已完成的零件实体模型。最终完成安全阀的装配，并保存装配文件。安全阀装配图纸如图 5-6-2 所示。

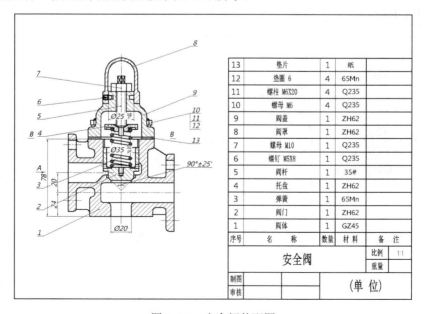

13	垫片	1	纸	
12	垫圈 6	4	65Mn	
11	螺柱 M6X20	4	Q235	
10	螺母 M6	4	Q235	
9	阀盖	1	ZH62	
8	阀罩	1	ZH62	
7	螺母 M10	1	Q235	
6	螺钉 M5X8	1	Q235	
5	阀杆	1	35#	
4	托盘	1	ZH62	
3	弹簧	1	65Mn	
2	阀门	1	ZH62	
1	阀体	1	GZ45	
序号	名　　称	数量	材料	备注

安全阀	比例	1:1
	重量	

制图		(单位)
审核		

图 5-6-2　安全阀装配图

3. 阀体工程图生成

根据阀体实体生成工程图。阀体顶三维模型可以直接调用。最后保存零件图文件，完成工程图。阀体二维图纸如图 5-6-3 所示。

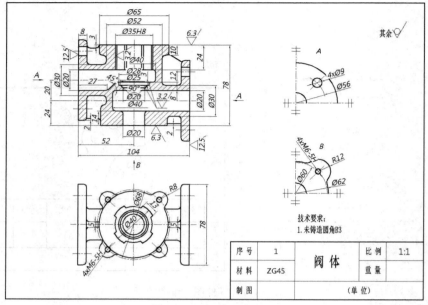

图 5-6-3　阀体二维图纸

4. 阀盖自动编程加工图形

根据数控车削加工工艺的要求，按照先粗后精的加工原则，首先通过粗加工去除大量的加工余量，适用 NC 模块中的区域车削功能完成。再通过精加工达到图纸上的精度要求，适用 NC 模块中的轮廓车削完成。车削部分完成后，选择数控铣床加工阀盖上 4 个直径为 6 cm 的孔以及 R12 圆弧。具体阀盖的加工图纸如图 5-6-4 所示。

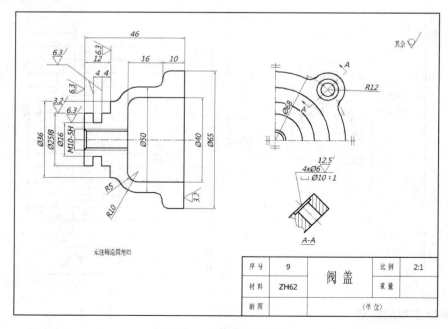

图 5-6-4　阀盖二维图纸

5. 评分标准

任务评价表

姓名		班级		分组		评价成绩	
过程评价表							
评价项目	配分	个人评价		小组评价	教师评价		备注
工作态度及责任心	20						
合理使用设备	10						
规范、安全操作	10						
小组交流	10						
团队合作	10						
解决问题的关键能力	10						
学习材料记录	20						
工作环境、卫生	10						
合计	100						
占比成绩							
过程评价分：				过程评价分占比成绩：50%			

说明：(1) 过程评价侧重于对学生工作过程中的表现和职业素养的考察，采取学生自我评价、小组评价和教师评价相结合的方式，按 3:3:4 的比例，计算出学生的过程测评分。

(2) 过程评价的得分根据工作过程中的表现确定，优秀得分为各项配分的 90%～100%，良好得分为各项配分的 80%～90%，一般得分为各项配分的 60%～80%，较差得分为各项配分的 0%～60%。

结果评价表一(草图和实体建模)

评价项目	配分	评价内容	得分	备注
阀体	3	符合图样要求		
阀门	3	符合图样要求		
弹簧	3	符合图样要求		
托盘	3	符合图样要求		
阀杆	2	符合图样要求		
螺钉 M5X8	3	符合图样要求		
螺母 M10	3	符合图样要求		
阀罩	3	符合图样要求		
阀盖	3	符合图样要求		
螺母 M6	3	符合图样要求		
螺栓 M6X20	3	符合图样要求		
垫圈	2	符合图样要求		
垫片	2	符合图样要求		
保存	4	环境正常、保存正常		
合计	40			

结果评价表二(组装装配图)				
评价项目	配分	评价内容	得分	备注
运动模型装配质量	10	联结关系定义合理		
参数分析	8	分析结果符合预期		
保存装配图	2	保存位置正确		
合计	20			

结果评价表三(阀体工程图生成)				
评价项目	配分	评价内容	得分	备注
投影生成零件图	10	符合图样要求		
导出尺寸标注	8	符合图样要求		
保存零件图	2	正确保存		
合计	20			

结果评价表四(阀盖自动编程加工零件)				
评价项目	配分	评价内容	得分	备注
设置加工环境	5	工件、机床设置正确		
设置刀具参数	5	刀具参数设置正确		
加工参数	5	加工参数正确		
生成数控程序	3	程序正确无误		
保存程序	2	保存格式及位置正确		
合计	20			

结果评价分：	结果评价分占比成绩：50%

说明：(1) 结果评价成绩由指导教师根据工作任务的完成情况给出。

(2) 结果评价成绩由小组给出，小组成绩即为个人成绩，其目的为促进学生工作的责任心和团队合作的精神。

评语：

指导教师＿＿＿＿＿＿＿

说明： 工作评价由过程评价和结果评价两方面组成，过程评价成绩和结果评价成绩各占总评分的 50%。

三、任务拓展

随着计算机技术的进步，线切割向计算机编程方向发展，CAD/CAM 软件也随之具备了线切割功能，该软件采用程序设计工具语言，在图形文件的标准化接口处读取和输出 AutoCAD 格式文件，建立典型的工艺数据库，在外尖角保护算法以提高尖角不分的加工精度，对电极丝能自动做偏移补偿功能，可以自动生成 3B/4B 等格式的加工程序。学习者可以利用业余时间取样并研究线切割的相关知识进行编程并模拟练习。

任务 7 斜滑动轴承综合训练

一、任务描述

滑动轴承一般由轴瓦与轴承座构成，根据它所承受载荷的方向不同，可分为向心滑动轴承(主要承受径向载荷)和推力滑动轴承(主要承受轴向载荷)。滑动轴承通常由青铜或者叫做巴氏合金制作，具有重载特性，一般需要专门的润滑系统提供滑油。滑动轴承工作平稳、可靠、无噪声。

本任务以斜滑动轴承设计为例，按照零件图的具体尺寸进行草图绘制，实体造型，主要用到拉伸特征、基准平面特征、旋转特征等命令，最终按照生成的零件图建模并完成装配体，最后根据滑动轴承模型生成零件工程图，并有针对性的对零件 2 轴承盖进行了零件加工。

二、任务实施

1. 绘制二维图形草图并建模

根据图 5-7-1 绘制斜滑动轴各零件的二维图形草图，然后建模，主要用到旋转特征、拉伸特征、基准平面特征和修饰螺纹等特征。

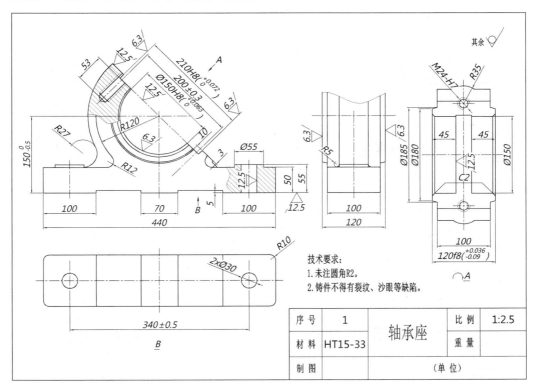

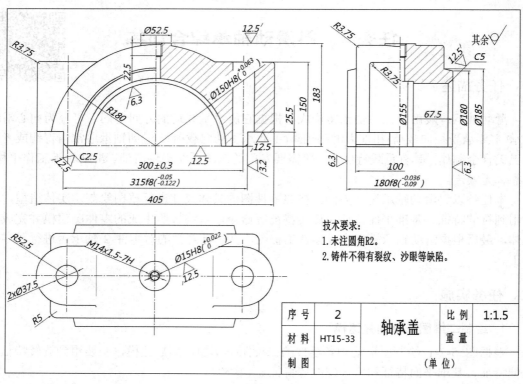

技术要求：
1. 未注圆角R2。
2. 铸件不得有裂纹、沙眼等缺陷。

序 号	2	轴承盖	比 例	1:1.5
材 料	HT15-33		重 量	
制 图			（单 位）	

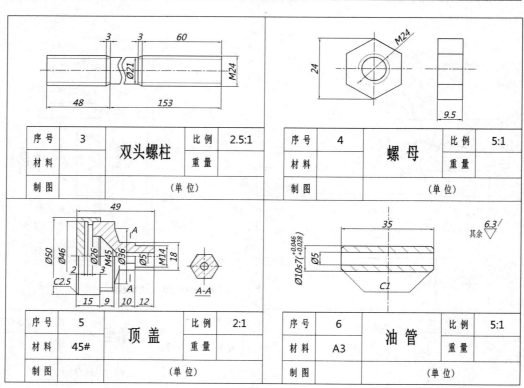

序 号	3	双头螺柱	比 例	2.5:1
材 料			重 量	
制 图			（单 位）	

序 号	4	螺 母	比 例	5:1
材 料			重 量	
制 图			（单 位）	

序 号	5	顶 盖	比 例	2:1
材 料	45#		重 量	
制 图			（单 位）	

序 号	6	油 管	比 例	5:1
材 料	A3		重 量	
制 图			（单 位）	

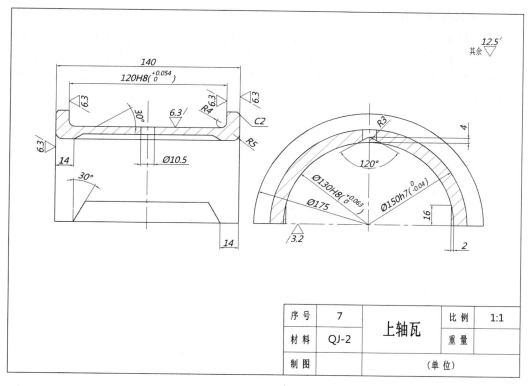

序 号	7	上轴瓦	比 例	1:1
材 料	QJ-2		重 量	
制 图			(单位)	

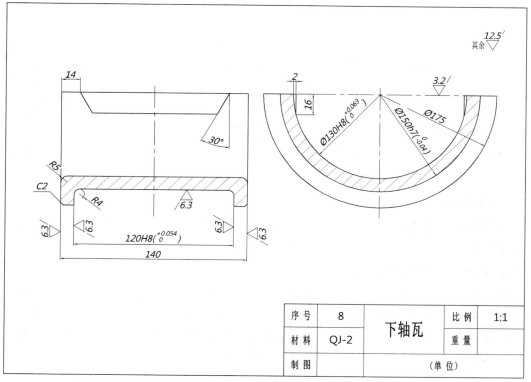

序 号	8	下轴瓦	比 例	1:1
材 料	QJ-2		重 量	
制 图			(单位)	

图 5-7-1　零件图二维图纸

2. 斜滑动轴承装配图

斜滑动轴承装配体，是由上轴瓦、下轴瓦、油管、顶盖、螺母、双头螺柱、轴承盖、轴承座 8 个零件组成。根据给出的图样设计零件的实体模型，也可以直接从文件夹中调用已完成的零件实体模型。最终完成斜滑动轴承的装配，并保存装配文件。斜滑动轴承装配图纸如图 5-7-2 所示。

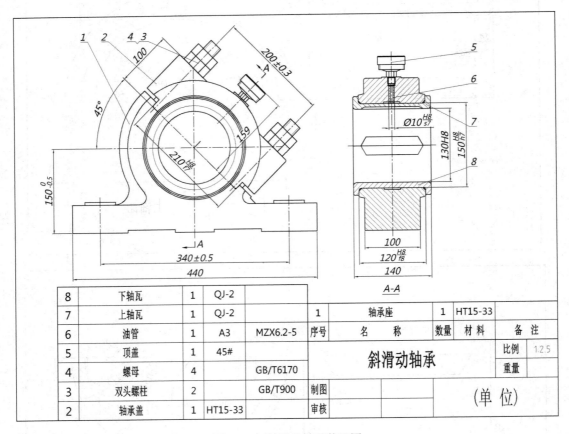

8	下轴瓦	1	QJ-2					
7	上轴瓦	1	QJ-2	1	轴承座	1	HT15-33	
6	油管	1	A3	MZX6.2-5	序号	名 称	数量	材料	备 注
5	顶盖	1	45#		斜滑动轴承		比例	1:2.5
4	螺母	4		GB/T6170			重量	
3	双头螺柱	2		GB/T900	制图			
2	轴承盖	1	HT15-33		审核	(单 位)		

图 5-7-2　斜滑动轴承装配图

3. 轴承座工程图生成

根据轴承座的实体生成工程图。轴承座三维模型可以直接调用。最后保存零件图文件，完成工程图。轴承座的二维图纸如图 5-7-3 所示。

4. 轴承盖自动编程加工图

根据数控铣削加工工艺的要求，按照先粗后精的加工原则，首先通过粗加工去除大量的加工余量，适用 NC 模块中的区域铣削功能完成。再通过精加工达到图纸上的精度要求，适用 NC 模块中的轮廓铣削完成。最后进行孔加工，合理选择刀具达到图纸上的精度要求，完成轴承盖的加工。具体轴承盖的加工图纸如图 5-7-4 所示。

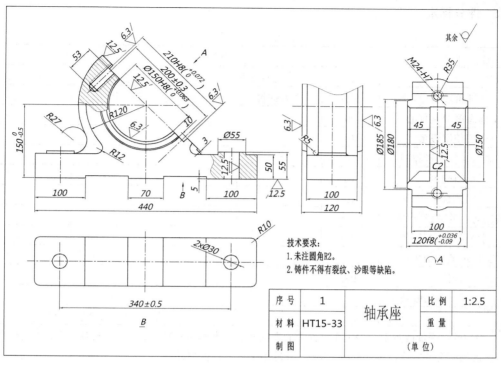

技术要求：
1. 未注圆角R2。
2. 铸件不得有裂纹、沙眼等缺陷。

序 号	1	轴承座	比 例	1:2.5
材 料	HT15-33		重 量	
制 图			（单 位）	

图 5-7-3　轴承座二维图纸

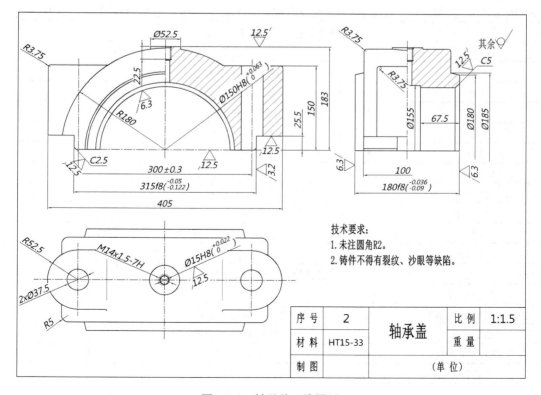

技术要求：
1. 未注圆角R2。
2. 铸件不得有裂纹、沙眼等缺陷。

序 号	2	轴承盖	比 例	1:1.5
材 料	HT15-33		重 量	
制 图			（单 位）	

图 5-7-4　轴承盖二维图纸

5. 评分标准

任务评价表

姓名		班级		分组		评价成绩	
过程评价表							
评价项目	配分	个人评价	小组评价	教师评价		备注	
工作态度及责任心	20						
合理使用设备	10						
规范、安全操作	10						
小组交流	10						
团队合作	10						
解决问题的关键能力	10						
学习材料记录	20						
工作环境、卫生	10						
合计	100						
占比成绩							
过程评价分：				过程评价分占比成绩：50%			

说明：(1) 过程评价侧重于学生工作过程中的表现和职业素养的考察，采取学生自我评价、小组评价和教师评价相结合的方式，按 3:3:4 的比例，计算出学生的过程测评分。

(2) 过程评价的得分根据工作过程中的表现确定，优秀得分为各项配分的 90%～100%，良好得分为各项配分的 80%～90%，一般得分为各项配分的 60%～80%，较差得分为各项配分的 0%～60%。

结果评价表一(草图和实体建模)

评价项目	配分	评价内容	得分	备注
上瓦轴	3	符合图样要求		
下瓦轴	3	符合图样要求		
油管	5	符合图样要求		
顶盖	5	符合图样要求		
螺母	5	符合图样要求		
双头螺柱	5	符合图样要求		
轴承盖	5	符合图样要求		
轴承座	4	符合图样要求		
保存	5	环境正常、保存正常		
合计	40			

结果评价表二(组装装配图)

评价项目	配分	评价内容	得分	备注
运动模型装配质量	10	联结关系定义合理		
参数分析	8	分析结果符合预期		
保存装配图	2	保存位置正确		
合计	20			

结果评价表三(轴承座工程图生成)

评价项目	配分	评价内容	得分	备注
投影生成零件图	10	符合图样要求		
导出尺寸标注	8	符合图样要求		
保存零件图	2	正确保存		
合计	20			

结果评价表四(轴承盖自动编程加工零件)				
评价项目	配分	评价内容	得分	备注
设置加工环境	5	工件、机床设置正确		
设置刀具参数	5	刀具参数设置正确		
加工参数	5	加工参数正确		
生成数控程序	3	程序正确无误		
保存程序	2	保存格式及位置正确		
合计	20			

结果评价分：	结果评价分占比成绩：50%

说明：(1) 结果评价成绩由指导教师根据工作任务的完成情况给出。

(2) 结果评价成绩由小组给出，小组成绩即为个人成绩，其目的为促进学生工作的责任心和团队合作的精神。

评语：

指导教师＿＿＿＿＿＿＿＿＿

说明：工作评价由过程评价和结果评价两方面组成，过程评价成绩和结果评价成绩各占总评分的 50%。

三、任务拓展

CAPP 的作用是利用计算机来进行零件加工工艺过程的制订，把毛坯加工成工程图纸上所要求的零件。它是通过向计算机输入被加工零件的几何信息(形状、尺寸等)和工艺信息(材料、热处理、批量等)，由计算机自动输出零件的工艺路线和工序内容等工艺文件的过程。CAPP 系统基本的构成模块包括：① 控制模块；② 零件信息输入模块；③ 工艺过程设计模块；④ 工序决策模块；⑤ 工步决策模块；⑥ NC 加工指令生成模块；⑦ 输出模块；⑧ 加工过程动态仿真。学习者可以利用业余时间对 CAPP 的设计做一些相关探讨性学习。

任务8 夹紧卡爪综合训练

一、任务描述

夹紧卡爪是数控铣床上常用的一种夹紧机构，通过扳手拧紧，使得螺丝把活动块夹紧，达到夹紧零件的目的，结构简单。

本任务以夹紧卡爪设计为例，按照零件图的具体尺寸进行草图绘制，实体造型，主要用到拉伸特征、基准平面特征、旋转特征等命令，再按照生成的零件图建模并完成装配体，最后根据夹紧卡爪三维模型生成零件工程图，并有针对性的对零件4垫铁进行零件加工。

二、任务实施

1. 绘制二维图形草图并建模

根据图 5-8-1 绘制夹紧卡爪各零件的二维图形草图，然后建模，主要用到旋转特征、拉伸特征、基准平面特征和修饰螺纹等特征。

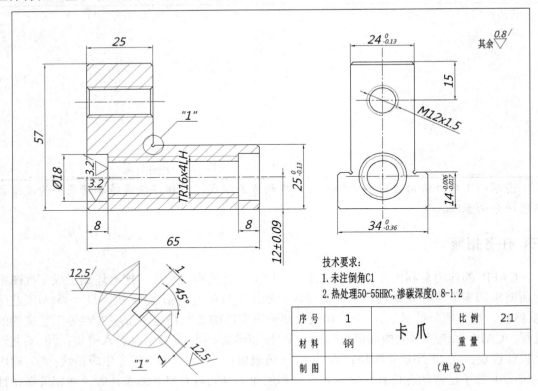

技术要求：
1. 未注倒角C1
2. 热处理50-55HRC，渗碳深度0.8-1.2

序 号	1		比 例	2:1
材 料	钢	卡 爪	重 量	
制 图			（单位）	

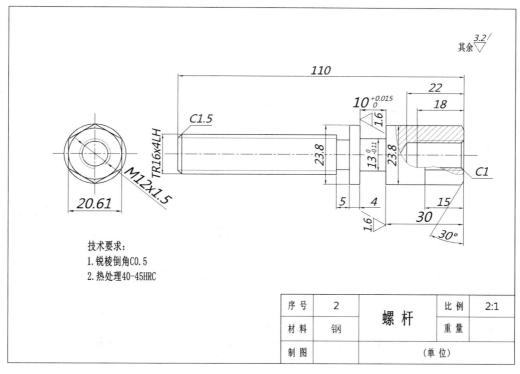

技术要求:
1. 锐棱倒角C0.5
2. 热处理40-45HRC

序 号	2	螺 杆	比 例	2:1
材 料	钢		重 量	
制 图			(单 位)	

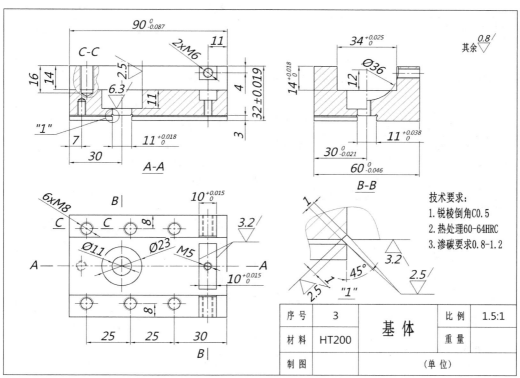

技术要求:
1. 锐棱倒角C0.5
2. 热处理60-64HRC
3. 渗碳要求0.8-1.2

序 号	3	基 体	比 例	1.5:1
材 料	HT200		重 量	
制 图			(单 位)	

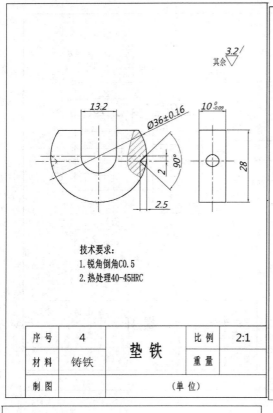

技术要求:
1. 锐角倒角C0.5
2. 热处理40-45HRC

序号	4	垫 铁	比例	2:1
材料	铸铁		重量	
制图			(单位)	

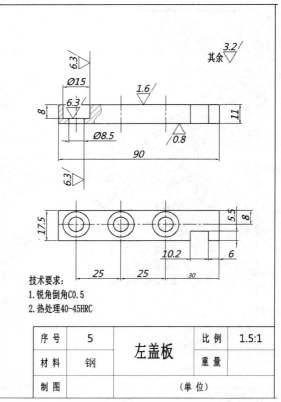

技术要求:
1. 锐角倒角C0.5
2. 热处理40-45HRC

序号	5	左盖板	比例	1.5:1
材料	钢		重量	
制图			(单位)	

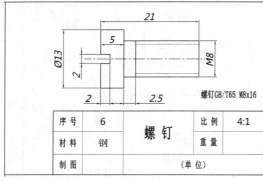

螺钉GB/T65 M8x16

序号	6	螺 钉	比例	4:1
材料	钢		重量	
制图			(单位)	

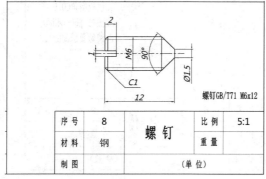

螺钉GB/T71 M6x12

序号	8	螺 钉	比例	5:1
材料	钢		重量	
制图			(单位)	

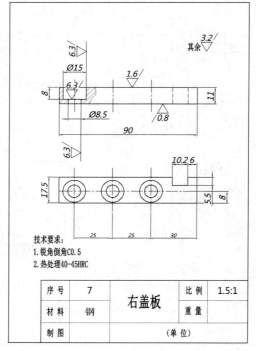

技术要求:
1. 锐角倒角C0.5
2. 热处理40-45HRC

序号	7	右盖板	比例	1.5:1
材料	钢		重量	
制图			(单位)	

图 5-8-1 零件图二维图纸

2. 夹紧卡爪装配图

夹紧卡爪装配体是由螺钉、右盖板、螺钉、左盖板、垫铁、基体、螺杆、卡爪 8 个零件组成。根据给出的图样设计零件的实体模型，也可以直接从文件夹中调用已完成的零件实体模型。最终完成夹紧卡爪的装配，并保存装配文件。夹紧卡爪装配图纸如图 5-8-2 所示。

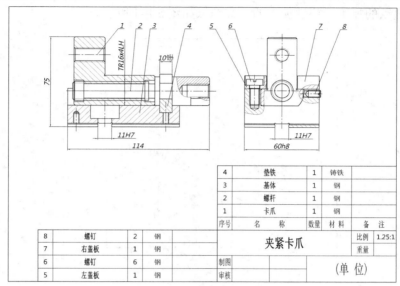

4	垫铁	1	铸铁	
3	基体	1	钢	
2	螺杆	1	钢	
1	卡爪	1	钢	
序号	名　称	数量	材料	备 注

8	螺钉	2	钢	夹紧卡爪	比例	1.25:1
7	右盖板	1	钢		重量	
6	螺钉	6	钢	制图	(单位)	
5	左盖板	1	钢	审核		

图 5-8-2　夹紧卡爪装配图

3. 基体工程图生成

根据基体的实体生成工程图。基体三维模型可以直接调用。最后保存零件图文件，完成工程图。夹紧卡爪基体的二维图纸如图 5-8-3 所示。

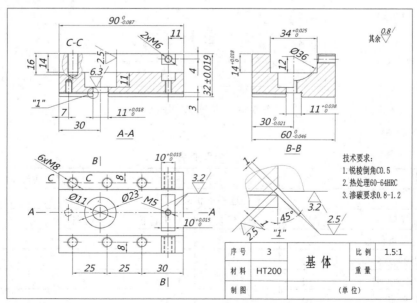

图 5-8-3　基体二维图纸

4. 垫铁自动编程加工图

根据数控铣削加工工艺的要求，按照先粗后精的加工原则，首先通过粗加工去除大量的加工余量，适用 NC 模块中的区域铣削功能完成，然后通过精加工达到图纸上的精度要求，适用 NC 模块中的轮廓铣削完成。然后进行孔加工，合理选择刀具达到图纸上的精度要求，完成垫铁的加工。垫铁加工的二维图纸如图 5-8-4 所示。

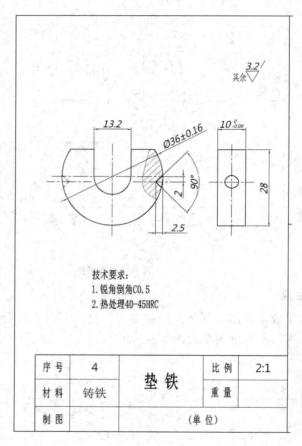

图 5-8-4 垫铁二维图纸

5. 评分标准

任务评价表

姓名		班级		分组		评价成绩	
过程评价表							
评价项目	配分	个人评价		小组评价		教师评价	备注
工作态度及责任心	20						
合理使用设备	10						
规范、安全操作	10						
小组交流	10						
团队合作	10						

解决问题的关键能力	10			
学习材料记录	20			
工作环境、卫生	10			
合计	100			
占比成绩				
过程评价分:		过程评价分占比成绩: 50%		

说明: (1) 过程评价侧重于学生工作过程中的表现和职业素养的考察, 采取学生自我评价、小组评价和教师评价相结合的方式, 按 3:3:4 的比例, 计算出学生的过程测评分。

(2) 过程评价的得分根据工作过程中的表现确定, 优秀得分为各项配分的 90%～100%, 良好得分为各项配分的 80%～90%, 一般得分为各项配分的 60%～80%, 较差得分为各项配分的 0%～60%。

结果评价表一(草图和实体建模)

评价项目	配分	评价内容	得分	备注
卡爪 1	3	符合图样要求		
螺杆 2	3	符合图样要求		
基体 3	5	符合图样要求		
垫铁 4	5	符合图样要求		
左盖板 5	5	符合图样要求		
螺钉 6	5	符合图样要求		
右盖板 7	5	符合图样要求		
螺钉 8	4	符合图样要求		
保存	5	环境正常、保存正常		
合计	40			

结果评价表二(组装装配图)

评价项目	配分	评价内容	得分	备注
运动模型装配质量	10	联结关系定义合理		
参数分析	8	分析结果符合预期		
保存装配图	2	保存位置正确		
合计	20			

结果评价表三(基体工程图生成)

评价项目	配分	评价内容	得分	备注
投影生成零件图	10	符合图样要求		
导出尺寸标注	8	符合图样要求		
保存零件图	2	正确保存		
合计	20			

结果评价表四(垫铁自动编程加工零件)

评价项目	配分	评价内容	得分	备注
设置加工环境	5	工件、机床设置正确		
设置刀具参数	5	刀具参数设置正确		
加工参数	5	加工参数正确		

生成数控程序	3	程序正确无误		
保存程序	2	保存格式及位置正确		
合计	20			
结果评价分：			结果评价分占比成绩：50%	

说明：(1) 结果评价成绩由指导教师根据工作任务的完成情况给出。

   (2) 结果评价成绩由小组给出，小组成绩即为个人成绩，其目的为促进学生工作的责任心和团队合作的精神。

评语：

指导教师_____

    说明：工作评价由过程评价和结果评价两方面组成，过程评价成绩和结果评价成绩各占总评分的 50%。

三、任务拓展

    在选择对象时，当鼠标所处位置有多种选择可能时，可以单击右键来切换各种选择，然后按左键选中，这种操作方法可以在图形元素互相遮挡的情况下准确选中对象。

任务 9   正滑动轴承综合训练

一、任务描述

    滑动轴承(Sliding Bearing)是在滑动摩擦下工作的轴承。滑动轴承工作平稳、可靠、无噪声。在液体润滑条件下，滑动表面被润滑油分开而不发生直接接触，还可以大大减小摩擦损失和表面磨损，油膜还具有一定的吸振能力，但启动摩擦阻力较大。其轴被轴承支承的部分称为轴颈，与轴颈相配的零件称为轴瓦，为了改善轴瓦表面的摩擦性质而在其内表面上浇铸的减摩材料层称为轴承衬，轴瓦和轴承衬的材料统称为滑动轴承材料。滑动轴承一般应用在高速轻载工况条件下。

    本任务以正滑动轴承为例，按照零件图的具体尺寸进行草图绘制，实体造型，主要用到拉伸特征、基准平面特征、旋转特征等命令，再按照生成的零件图建模并完成装配体，最后根据滑动轴承三维模型生成零件工程图，并有针对性的对零件 3 轴承盖进行了零件加工。

二、任务实施

1. 绘制二维图形草图并建模

　　根据图 5-9-1 绘制正滑动轴承各零件的二维图形草图，然后建模，主要用到旋转特征、拉伸特征、基准平面特征和修饰螺纹等特征。

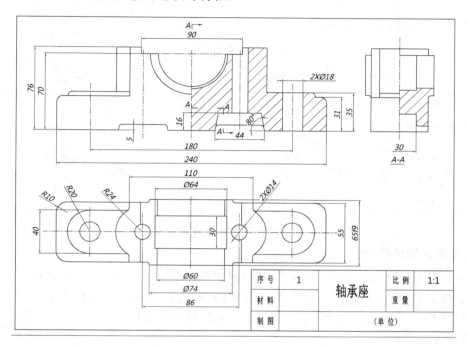

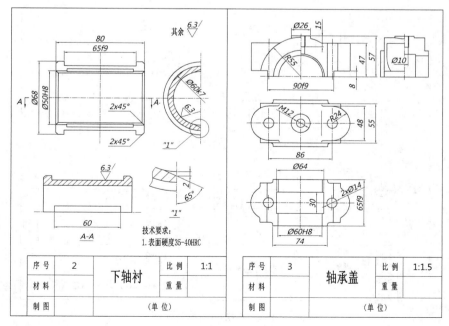

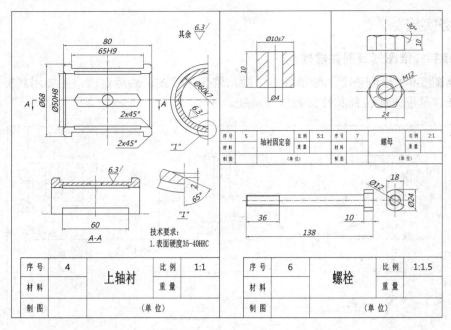

图 5-9-1　零件图二维图纸

2. 正滑动轴承装配图

　　正滑动轴承配体是由螺母、螺栓、轴衬固定套、上轴衬、轴承盖、下轴衬、轴承座 7 个零件组成。根据给出的图样设计零件的实体模型，也可以直接从文件夹中调用已完成的零件实体模型。最终完成正滑动轴承的装配，并保存装配文件。正滑动轴承的装配图纸如图 5-9-2 所示。

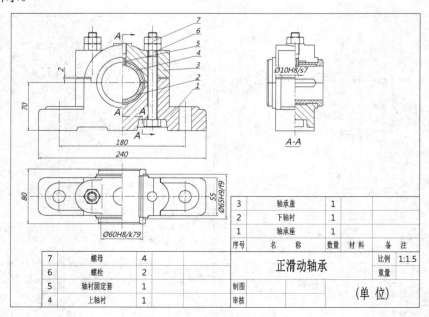

图 5-9-2　正滑动轴承装配图

3. 下轴衬工程图生成

根据下轴衬的实体生成工程图。下轴衬三维模型可以直接调用。最后保存零件图文件，完成工程图。正滑动轴承下轴衬的二维图纸如图 5-9-3 所示。

4. 轴承盖自动编程加工图

根据数控铣削加工工艺的要求，按照先粗后精的加工原则，首先通过粗加工去除大量的加工余量，使用 NC 模块中的区域铣削功能完成，然后通过精加工达到图纸上的精度要求，使用 NC 模块中的轮廓铣削完成。然后进行孔加工，合理选择刀具达到图纸上的精度要求，完成轴承盖的加工。具体轴承盖加工的二维图纸如图 5-9-4 所示。

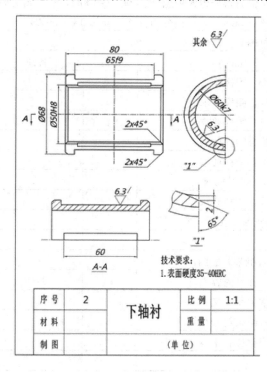

图 5-9-3　下轴衬二维图纸　　　　　　　　　　图 5-9-4　轴承盖二维图纸

5. 评分标准

任务评价表

姓名		班级		分组		评价成绩	
过程评价表							
评价项目	配分	个人评价		小组评价		教师评价	备注
工作态度及责任心	20						
合理使用设备	10						
规范、安全操作	10						
小组交流	10						
团队合作	10						

解决问题的关键能力	10				
学习材料记录	20				
工作环境、卫生	10				
合计	100				
占比成绩					
过程评价分：			过程评价分占比成绩：50%		

说明：(1) 过程评价侧重于学生工作过程中的表现和职业素养的考察，采取学生自我评价、小组评价和教师评价相结合的方式，按 3∶3∶4 的比例，计算出学生的过程测评分。

(2) 过程评价的得分根据工作过程中的表现确定，优秀得分为各项配分的 90%～100%，良好得分为各项配分的 80%～90%，一般得分为各项配分的 60%～80%，较差得分为各项配分的 0%～60%。

结果评价表一(草图和实体建模)

评价项目	配分	评价内容	得分	备注
轴承座 1	5	符合图样要求		
下轴衬 2	5	符合图样要求		
轴承盖 3	5	符合图样要求		
上轴衬 4	5	符合图样要求		
轴衬固定套 5	5	符合图样要求		
螺栓 6	5	符合图样要求		
螺母 7	5	符合图样要求		
保存	5	环境正常、保存正常		
合计	40			

结果评价表二(组装装配图)

评价项目	配分	评价内容	得分	备注
运动模型装配质量	10	联结关系定义合理		
参数分析	8	分析结果符合预期		
保存装配图	2	保存位置正确		
合计	20			

结果评价表三(下衬套工程图生成)

评价项目	配分	评价内容	得分	备注
投影生成零件图	10	符合图样要求		
导出尺寸标注	8	符合图样要求		
保存零件图	2	正确保存		
合计	20			

结果评价表四(轴承盖自动编程加工零件)

评价项目	配分	评价内容	得分	备注
设置加工环境	5	工件、机床设置正确		
设置刀具参数	5	刀具参数设置正确		
加工参数	5	加工参数正确		
生成数控程序	3	程序正确无误		

保存程序	2	保存格式及位置正确		
合计	20			
结果评价分：			结果评价分占比成绩：50%	

说明：(1) 结果评价成绩由指导教师根据工作任务的完成情况给出。

(2) 结果评价成绩由小组给出，小组成绩即为个人成绩，其目的为促进学生工作的责任心和团队合作的精神。

评语：

　　　　　　　　　　　　　　　　　　　　　　　　　指导教师＿＿＿＿＿＿＿＿

　　说明：工作评价由过程评价和结果评价两方面组成，过程评价成绩和结果评价成绩各占总评分的 50%。

三、任务拓展

　　通过镜像可以基于某一平面生成某一特征。若需要镜像多相关联特征，可以按住 Ctrl 键，逐一选中这些相关联特征，用右键菜单的"组"命令对其编组后镜像，编组时会自动将第一个特征和最后一个特征之间所有的图形元素都编入组内，不管有没有选择。

任务 10　齿轮泵综合训练

一、任务描述

　　齿轮泵是依靠齿轮的轮齿啮合空间的容积变化来输送液体的一种回转泵，也可以认为是一种容积泵。齿轮泵的种类较多，按啮合方式可以分为外啮合齿轮泵和内啮合齿轮泵；按轮齿的齿形可分为正齿轮泵、斜齿轮泵和人字齿轮泵等。

　　本任务以齿轮泵设计为例，按照零件图的具体尺寸进行草图绘制，实体造型，主要用到拉伸特征、基准平面特征、旋转特征等命令，再按照生成的零件图建模并完成装配体，最后根据齿轮泵三维模型生成零件工程图，并有针对性地对泵盖 1 零件和垫片 2 零件进行零件加工。

二、任务实施

1. 绘制二维图形草图并建模

　　根据图 5-10-1 绘制齿轮泵各零件的二维图形草图，然后建模，主要用到旋转特征、拉伸特征、基准平面特征和修饰螺纹等特征。

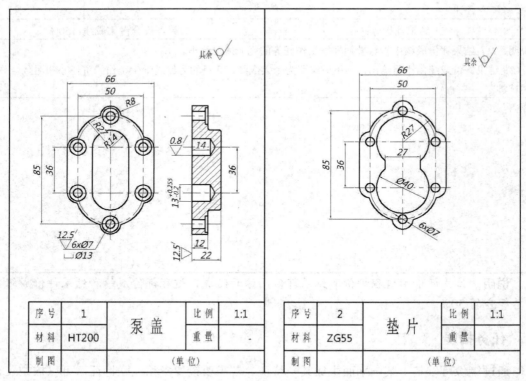

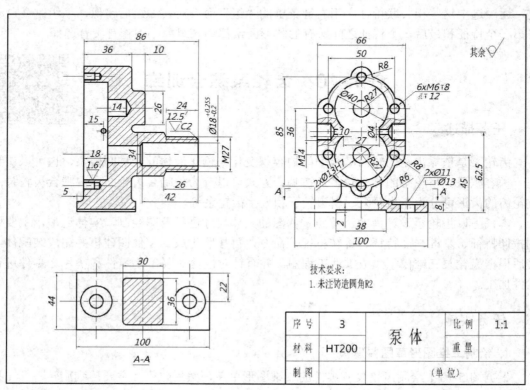

技术要求:
1. 未注铸造圆角R2

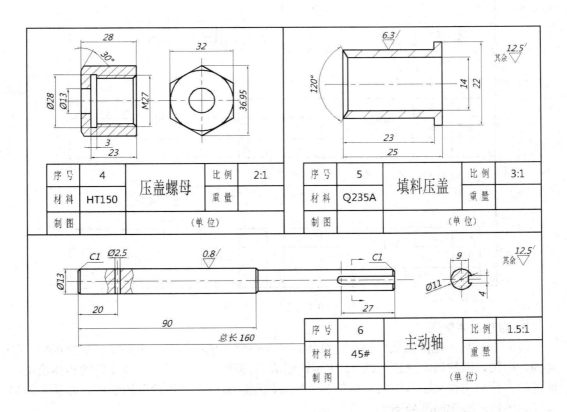

序号	4	压盖螺母	比例	2:1
材料	HT150		重量	
制图			(单位)	

序号	5	填料压盖	比例	3:1
材料	Q235A		重量	
制图			(单位)	

序号	6	主动轴	比例	1.5:1
材料	45#		重量	
制图			(单位)	

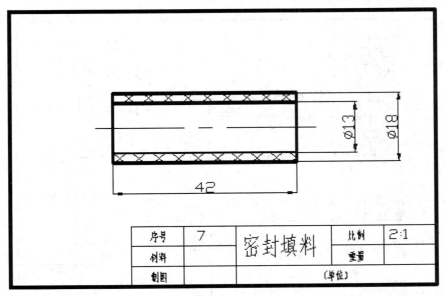

序号	7	密封填料	比例	2:1
材料			重量	
制图			(单位)	

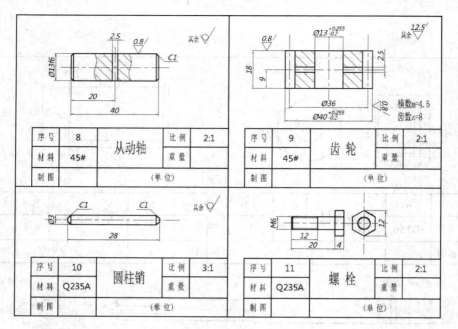

图 5-10-1　零件图二维图纸

2. 齿轮泵装配图

齿轮泵装配体是由泵盖、垫片、泵体、压盖螺母、填料压盖、主动轴、密封填料、从动轴、齿轮、圆柱销、螺栓一共 11 个零件组成。根据给出的图样设计零件的实体模型，也可以直接从文件夹中调用已完成的零件实体模型。最终完成齿轮泵的装配，并保存装配文件。齿轮泵装配图纸如图 5-10-2 所示。

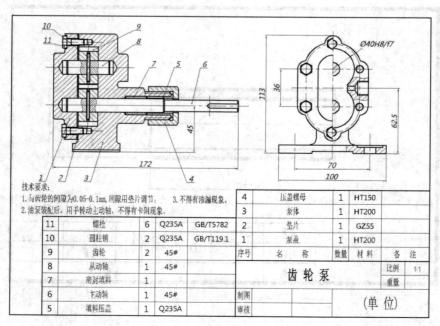

图 5-10-2　齿轮泵装配图

3. 泵体工程图生成

根据泵体的实体生成工程图。泵体三维模型可以直接调用。最后保存零件图文件，完成工程图。泵体的二维图纸如图 5-10-3 所示。

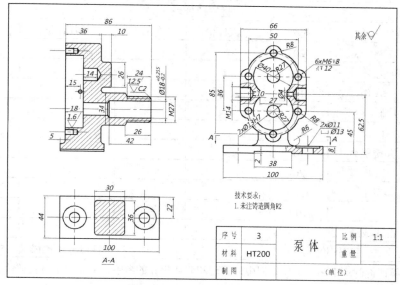

图 5-10-3　泵体二维图纸

4. 泵盖、垫片自动编程加工图

根据数控铣削加工工艺的要求，按照先粗后精的加工原则，首先通过粗加工去除大量的加工余量，适用 NC 模块中的区域铣削功能完成，然后通过精加工达到图纸上的精度要求，适用 NC 模块中的轮廓铣削完成。然后进行孔加工，合理选择刀具达到图纸上的精度要求，完成泵盖、垫片的加工。具体的泵盖和垫片的加工图纸如图 5-10-4 所示。

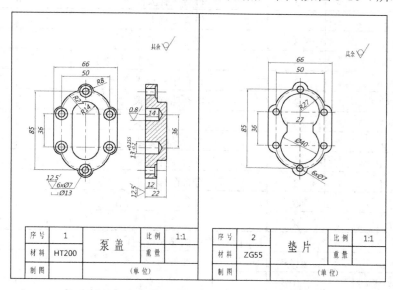

图 5-10-4　泵盖、垫片二维图纸

5. 评分标准

任务评价表

姓名		班级		分组		评价成绩	
过程评价表							
评价项目	配分	个人评价		小组评价	教师评价		备注
工作态度及责任心	20						
合理使用设备	10						
规范、安全操作	10						
小组交流	10						
团队合作	10						
解决问题的关键能力	10						
学习材料记录	20						
工作环境、卫生	10						
合计	100						
占比成绩							
过程评价分：				过程评价分占比成绩：50%			

说明：(1) 过程评价侧重于学生工作过程中的表现和职业素养的考察，采取学生自我评价、小组评价和教师评价相结合的方式，按 3:3:4 的比例，计算出学生的过程测评分。

(2) 过程评价的得分根据工作过程中的表现确定，优秀得分为各项配分的 90%～100%，良好得分为各项配分的 80%～90%，一般得分为各项配分的 60%～80%，较差得分为各项配分的 0%～60%。

结果评价表一(草图和实体建模)

评价项目	配分	评价内容	得分	备注
泵盖 1	5	符合图样要求		
垫片 2	3	符合图样要求		
泵体 3	5	符合图样要求		
压盖螺母 4	3	符合图样要求		
填料压盖 5	3	符合图样要求		
主动轴 6	3	符合图样要求		
密封填料 7	3	符合图样要求		
从动轴 8	3	符合图样要求		
齿轮 9	3	符合图样要求		
圆柱销 10	3	符合图样要求		
螺栓 11	3	符合图样要求		
保存	5	环境正常、保存正常		
合计	40			

结果评价表二(组装装配图)

评价项目	配分	评价内容	得分	备注
运动模型装配质量	10	联结关系定义合理		
参数分析	8	分析结果符合预期		

保存装配图	2	保存位置正确		
合计	20			
结果评价表三(泵体工程图生成)				
评价项目	配分	评价内容	得分	备注
投影生成零件图	10	符合图样要求		
导出尺寸标注	8	符合图样要求		
保存零件图	2	正确保存		
合计	20			
结果评价表四(泵盖、垫片自动编程加工零件)				
评价项目	配分	评价内容	得分	备注
设置加工环境	5	工件、机床设置正确		
设置刀具参数	5	刀具参数设置正确		
加工参数	5	加工参数正确		
生成数控程序	3	程序正确无误		
保存程序	2	保存格式及位置正确		
合计	20			
结果评价分：		结果评价分占比成绩：50%		

说明：(1) 结果评价成绩由指导教师根据工作任务的完成情况给出。

(2) 结果评价成绩由小组给出，小组成绩即为个人成绩，其目的为促进学生工作的责任心和团队合作的精神。

评语：

指导教师＿＿＿＿＿＿＿＿

说明：工作评价由过程评价和结果评价两方面组成，过程评价成绩和结果评价成绩各占总评分的 50%。

三、任务拓展

CLass A 曲面是车身模型中对曲面质量要求较高的一类曲面，比如仪表板曲面等，最近 CLass A 曲面成为大家普遍关注的一个话题，在这里我们作为知识拓展给同学引出一些相关的知识。常用的设计软件很多，比如 ALIAS 和 CATIA，ALIAS 用于正向设计，而 CATIA 是逆向设计。国内也有很多常用的软件系统来做 CLass A 曲面，例如 Surface 或者 Image ware。Surface 也常和 UG 一起结合使用在汽车、家电、模具等设计与制造领域，学习者可利用业余时间搜集相关 CLass A 相关的知识，试着进行 CLass A 曲面知识的探索。

参 考 文 献

[1]   余强，周京平. Proe 机械设计与工程应用精选 50 例[M]. 北京：清华大学出版社，2007

[2]   郭茜，高巍. 模具 CADCAM 技术训练[M]. 北京：中国铁道出版社，2012

[3]   陈宁娟，高巍，孟俊焕. Proe 应用项目训练教程[M]. 北京：高等教育出版社，2015

[4]   余河亭，冯辉. Pro/Engineer 机械设计习题精选[M]. 北京：人民邮电出版社，2004

[5]   张军峰. Pro/Engineer 产品设计与工艺基本功特训[M]. 北京：电子工业出版社，2012

[6]   陈鹤. CAD/CAM 实训指导：Proe 软件应用实例[M]. 北京：高等教育出版社，2011

[7]   徐明. CAD/CAM 实训指导：Proe/E-Cimatron 软件应用实例[M]. 北京：高等教育出版社，2011